Peter Fidrich

FÜHREN WIE DER ALTE FRITZ

Der Anti-Machiavelli für Manager

Econ

Econ ist ein Verlag
der Ullstein Buchverlage GmbH

ISBN 978-3-430-20039-4

Abb. S. 5 und S. 247: Zeichnungen von Adolph Menzel

Gesetzt aus der Garamond bei Leingärtner, Nabburg
Druck und Bindearbeiten: CPI – Clausen & Bosse, Leck
Printed in Germany

Meiner Frau Sigrid gewidmet, ohne deren kritische
Unterstützung ich ein solches Buch nicht begonnen hätte,
und für Anette, Ingo und Erik

Inhaltsverzeichnis

Prolog

Friedrich II., genannt »der Große«, König von Preußen, ist nun bereits seit über 200 Jahren tot. Von treuen Untertanen wurde er geliebt, von seinen Gegnern gehasst, von den Nationalsozialisten missbraucht, in der DDR »rehabilitiert« und als Reiterstandbild auf Ostberlins Boulevard Unter den Linden zurückverpflanzt. Dieser Friedrich war ein Topmanager, der sein Land Preußen zum Erfolg führte und es von einem Staat unter vielen in eine europäische Großmacht verwandelte. Seine Aufgabe umfasste sämtliche Bereiche der Politik, der Wirtschaft, der Verwaltung und des Militärs. Schon mit 28 Jahren wurde er König und nahm unmittelbar die Realisierung seiner Ziele in Angriff. Es war eine Zeit, in der die Globalisierung durch die Kolonialisierung ihren Anfang nahm.

Grundlage von Friedrichs Erfolg waren sein hoher persönlicher Einsatz, schnelle Entscheidungen und Führungsqualitäten. Außergewöhnlich für seine Zeit war sein Leitbild, das auf einer aufgeklärten Ethik basierte; es stellte das Gemeinwohl über das Eigenwohl und verpflichtete den Herrscher, für das Wohl des Einzelnen zu sorgen. Friedrich – das war der »Hidden Champion« der europäischen Geschichte. Niemand hatte ihm irgendetwas zugetraut, keiner hatte ihn auf dem Schirm. Und plötzlich war er da und nahm sich immer mehr – obwohl doch scheinbar alle Voraussetzungen fehlten. Das macht ihn für Führungskräfte von heute zu einer durch und durch interessanten Persönlichkeit.

Lassen Sie sich inspirieren von der ethischen Grundsätzen verschriebenen und doch höchst ambivalenten Persönlichkeit Friedrichs, immer hin und her gerissen zwischen Ordnung und Disziplin auf der einen und aufklärerischen Werten auf der anderen Seite, zwischen knallharter Machtpolitik und weltoffener Toleranz. Auch heute noch kann man vieles vom Preußenkönig lernen – so wie Friedrich selbst aus der Geschichte lernte.

1
Keine Angst vor der Konkurrenz!
Friedrich und der Wettbewerb

In einer Marktwirtschaft steht jedes Unternehmen im Wettbewerb. Und in aller Regel versucht die Konkurrenz, einen Wettbewerber unschädlich zu machen. Vor 250 Jahren galt Ähnliches auch für die europäischen Staaten. Gerade zwölf Jahre alt, lernte Kronprinz Friedrich deshalb bereits von seinem Vater, dem »Soldatenkönig« Friedrich Wilhelm I.: »Unsere Nachbarn wünschen nichts mehr, als uns über den Haufen zu werfen.« Schon dem Kronprinzen war demnach klar, dass ein so kleines und zersplittertes Land wie Preußen über kurz oder lang dem Untergang geweiht war – wenn es sich nicht seinen festen Platz im europäischen Machtgefüge erkämpfte. Der damalige Wettbewerb zielte auf eine rücksichtslose Machterweiterung. Es galt, den Rivalen zu schwächen. Das Streben nach Größe machte oft erst vor der militärischen Stärke der Wettbewerber halt.

Damals erstreckte sich Preußen von Kleve am Niederrhein bis nach Ostpreußen, also fast bis nach Litauen. Dazwischen gab es große Lücken. Wollte man vom Kernland Brandenburg aus in andere Regionen Preußens reisen, musste man durch fremde Staaten. Auch aus diesem Grund erschien Friedrich eine Politik des Status quo als eine schlechte Politik: »Da die preußischen Länder so zerschnitten und getrennt sind, halte ich es für das dringendste Erfordernis, sie zusammenzuführen oder die abgetrennten Teile wieder anzugliedern«, schrieb er schon 1731 als 19-Jähriger an seinen Kammerjunker Karl Dubislaw von Natzmer. Er schreite, schrieb er, immer von Land zu Land voran und fasse wie Alexander stets neue Welten für eine Eroberung ins Auge. Wie Alexander der Große – bescheiden in seinen Vergleichen war der junge Friedrich nicht!

Ganz Europa glich im 17. und 18. Jahrhundert einem Flickenteppich. Sobald irgendwo ein Herrscher starb, stellte fast jeder Fürst mehr oder weniger gut begründete Erbschaftsansprüche. So kam es beispielsweise nach dem Tod des Kurfürsten Karl 1685 zum Pfälzischen Erbfolgekrieg, bei dem die kurpfälzische Hauptstadt Heidelberg zerstört wurde. Damals hatte Ludwig XIV. Erbansprüche auf Teile des pfälzischen Besitzes erhoben, um Frankreich bis an die Rheingrenze zu vergrößern. Die Länder wurden wie Spielkarten erkämpft, getauscht und verteilt. Großmacht war, wer bei diesen Verteilungskämpfen nicht Spielkarte, sondern Mitentscheider und Nutznießer war. Heute heißt dieses Spiel Globalisierung. Die Spieler sind die großen Konzerne und die Investoren, die Spielkarten die kleinen Unternehmen, deren Mitarbeiter und auch manche Politiker.

Eine der allgemeinen Spielregeln zur Zeit Friedrichs war, dass jeder Machtzuwachs eines Spielers mit einer Kompensation für die anderen verbunden sein musste. Kein Spieler sollte die Vorherrschaft einnehmen. Daher verbündeten sich die Mächte zeitweise, um andere in die Schranken zu verweisen. Sie bildeten strategische Allianzen. Das Gleichgewicht in Europa musste gewahrt bleiben. Damals wachten die Länder also gegenseitig darüber, dass keines zu sehr wuchs. Diese Aufgabe haben in der heutigen Unternehmenslandschaft – wenn man so will – die Kartellbehörden übernommen: innerhalb Deutschlands das Bundeskartellamt, auf europäischer Ebene das Wettbewerbskommissariat der Europäischen Union.

Die Spieler lebten in ständiger Rivalität. Bündnisse wurden geschlossen und wieder gelöst – ganz wie es gerade am günstigsten für den jeweiligen Staat war. Joachim Ernst von Grumbkow, ein Minister Friedrich Wilhelms, erklärte einen Vertrag nur so lange für bindend, wie »er mit den Interessen des Abschließenden übereinstimmt«. Dieser Ansicht war auch Friedrich. Dementsprechend hielt er sich als König keineswegs an seine ethischen Grundsätze, die er als Kronprinz formulierte und die später als »Antimachiavell« veröffentlicht wurden. Denn auch er dachte schon während des Ersten Schlesischen Krieges, in dem er von Frankreich unterstützt wurde, darüber nach, sich nach Sicherstellung seiner Ansprüche auf Maria Theresias Seite zu stellen. Denn Frankreich war – wie im Grunde jeder Staat – an Expansionen interessiert. Und die wollte Friedrich verhindern.

In diesem europäischen Szenario gab es drei »Global Player«: England, Frankreich und Österreich. Auch Russland drängte unaufhaltsam in diesen Kreis. Preußen war zur Zeit der Thronbesteigung Friedrichs II. weit davon entfernt, hier jemals Zutritt zu erlangen. Sein Schicksal schien das der Spielkarte, nicht das des mächtigen Spielers zu sein. Friedrich musste schon als Kronprinz erleben, dass Preußen von den Großmächten missachtet und übergangen wurde, so etwa hinsichtlich seines jülich-bergischen Erbschaftsanspruchs. Zwar waren diese Ländereien aufgrund ihrer Lage – am Niederrhein, weit entfernt von Brandenburg – von geringer strategischer Bedeutung. Doch waren sie ein Schritt auf dem Weg zur Großmacht, den zu beschreiten Friedrichs Vision war. Nur so, glaubte er schon als Kronprinz, würde sich Preußen in der Konkurrenz zwischen den Staaten behaupten können.

Um sich auf seine Regierungszeit vorzubereiten, beschäftigte er sich intensiv mit Geschichte – insbesondere mit der Antike. Er war überzeugt, dass man das wesentliche Wissen, das man für eine gute Staatsführung braucht, aus der Auseinandersetzung mit der Geschichte lernen könne. Außerdem wurde er auf Anweisung seines Vaters schon früh und ausführlich in der Kriegskunst unterwiesen. Und nicht zuletzt beobachtete er die anderen Machthaber sehr genau: In seinen »Considérations sur l'état du corps politique de l'Europe«, einem Flugblatt aus dem Jahr 1737, verglich Friedrich – der die Schrift übrigens anonym verfasste – einen Staatsmann mit einem Mechaniker. Ein erfahrener Staatsmann versuche, die bleibenden Grundsätze der Höfe zu ergründen und die Triebfedern der Politik eines jeden Herrschers herauszufinden. Dieses Wissen gab ihm die entscheidenden Trümpfe in die Hand.

Heute geht man – wenn auch modifiziert – in der Unternehmensführung ähnlich vor. Das moderne Zauberwort heißt »Benchmarking«. »Lernen von den Besten« ist ein Mittel, das Ziel der Marktführerschaft zu erreichen. Schon der Große Kurfürst, der Urgroßvater Friedrichs, war zur Ausbildung im wirtschaftlich vorbildlichen Holland, Friedrich selbst nahm als »Volontär« an einem Feldzug des berühmten Feldherrn Prinz Eugen teil, um dort militärische Kenntnisse zu erwerben, und orientierte sich an der englischen Landwirtschaft.

Auch wenn Friedrichs Vater, der Soldatenkönig, selbst niemals offensiv in den Kampf gezogen war, hatte er doch für gute Rahmenbedingungen gesorgt: Er hatte eine große und disziplinierte Armee und eine ausgezeichnete Verwaltung aufgebaut, und er hatte dafür gesorgt, dass Preußen finanziell gut gepolstert war. Preußen war wirtschaftlich weitgehend unabhängig, es musste nur wenig importiert werden. Insbesondere betraf das Rüstungsgüter. Jedoch wurden systematisch Unternehmen zur Stahlerzeugung, Walzwerke, Pulvermühlen und verarbeitende Betriebe gegründet. Und auch bei Friedrich fiel die Entscheidung »Make-or-Buy« stets zugunsten von »Make« aus. In seinem politischen Testament von 1752 äußerte er: Beim Handel und bei den Manufakturen müsse grundsätzlich verhindert werden, dass das Geld außer Landes geht, dagegen bewirkt werden, dass es ins Land kommt. Der Abfluss des Geldes werde verhindert, indem man alles im Lande herstellt, was man früher von auswärts bezog. Auch müsse man auf die eigene Wirtschaft Druck ausüben, um die Wettbewerbsfähigkeit zu erhöhen: »Ferner richtet der kaufmännische Unternehmer das Augenmerk darauf, dass der fertige Stoff den Vorschriften entspricht, was den Absatz erleichtert. Nichts schädigt den Handel so sehr wie der Mangel an Reellität, falsches Ellenmaß und dergl. Schwindeleien. Um möglichst zu verhüten, dass die Arbeiter das Publikum und das Ausland betrügen, gibt es im ganzen Lande Fabrikinspektoren, die die Waren prüfen und alles Minderwertige unerbittlich zurückweisen.«

Friedrich fand zu Beginn seiner Regierungszeit ideale Bedingungen vor, sein ehrgeiziges Vorhaben, auch Preußen zum »Global Player« zu machen, umzusetzen. Aus dem kleinen, zersplitterten Unternehmen sollte ein international anerkannter Konzern werden. Er musste nur auf eine günstige Gelegenheit warten. Diese günstige Gelegenheit kam prompt noch im Jahr seiner Thronbesteigung 1740 in Form des Ablebens von Kaiser Karl VI. Und Friedrich packte sie beim Schopfe. Ebenfalls in den »Considérations« schrieb er im Hinblick auf den Tod des Kaisers: »Welcher Zustand eignet sich mehr dazu, Europa Gesetze zu geben? Welche Konjunktur könnte günstiger sein, um alles zu wagen?« Österreich war zu dieser Zeit militärisch und finanziell noch durch die Türkenkriege und den Spanischen Erbfolgekrieg geschwächt. Maria Theresia hatte gerade erst den Thron bestiegen und kämpfte noch um internationale Anerkennung. Denn dass sie als Frau überhaupt den Thron besteigen durfte, hatte sie einem Kunstgriff Karls VI. zu verdanken, den er mangels männlicher Erben tat. Dieser Kunstgriff hieß »Pragmatische Sanktion« und bestimmte, dass auch eine Frau die habsburgischen Länder erben durfte. Dass sich Maria Theresia als außerordentlich umsichtige und fähige Herrscherin erweisen sollte, damit konnte damals niemand rechnen.

In Anbetracht dieser offenbar so glücklichen Umstände hielt sich Friedrich gar nicht erst mit dem Einhalten der formalen Spielregeln und dem Geltendmachen von Erbschaftsansprüchen auf. Dass ihn hier niemand ernst nehmen würde, war ihm klar. Nein, er schritt prompt zur feindlichen – sprich: militärischen – Übernahme von Schlesien, dessen Besitz ihm strategisch wichtig erschien. Dafür gab er dann auch gerne den Anspruch auf Jülich und Berg auf. Denn Schlesien grenzte an Brandenburg an und versprach aufgrund seiner Fruchtbarkeit, der großen Bevölkerung und eines blühenden Handels Reichtum. Hier erwies er sich als äußerst kluger Geschäftsmann, der kein großes Interesse an weiterem Stückwerk wie Jülich und Berg hatte, sondern sein Kerngeschäft, sprich: die zusammenhängenden Ländereien, ausbauen wollte. Schlesien nahm außerdem geografisch und strategisch eine Schlüsselstellung ein.

Friedrich führte seine Kriege also nicht um des Krieges willen, sondern er hatte ein Ziel vor Augen: den Aufstieg zur Großmacht. In einem Erlass vom 17. Dezember 1740, also kurz nach dem Einmarsch in Schlesien, an den Geheimen Finanzrat von Borcke schrieb Friedrich über Österreich: »Das einzige Mittel, von diesem Hof sein Recht zu bekommen, ist, es sich selber zu verschaffen, und ich hoffe, dass die gegenwärtigen Konjunkturen mir Gelegenheit geben, diese Sache auf die eine oder andere Weise zu einem befriedigenden Abschluss zu bringen.«

Allerdings war der Preis für Schlesien hoch. So wie heutige Unternehmen zu Zwecken der Gewinnmaximierung die Streichung von Tausenden von Arbeitsplätzen in Kauf nehmen, nahm Friedrich damals zur Mehrung seines Ruhmes – denn das war wohl sein Hauptmotiv, wenn ihm auch die Zukunft Preußens durchaus am Herzen lag – Tausende Kriegsopfer in Kauf. Dabei war ihm die ethische Seite der Politik durchaus bewusst, denn er entrüstete sich über die Unmoral der politischen Ränkespiele und den darin zutage tretenden Egoismus. Doch letztendlich handelte er – sehr zum Kummer seines engen Freundes und philosophischen Lehrmeisters Voltaire – selbst nicht anders. Er schloss und brach Bündnisse. Und er setzte alles daran, seinen Ruhm zu vergrößern – koste es, was es wolle.

Preußen war ein kleiner Staat, der in allen Bereichen vom König geführt wurde und damit schnell reagieren konnte. Kriegführen war also Chefsache – im Gegensatz zu Friedrichs Konkurrenten, die ihre Heere aus der Ferne befehligten und deren Truppenführer, wenn überhaupt, nur äußerst vorsichtig handelten. Auch in heutigen Unternehmen lässt sich beobachten, dass sie, je größer sie werden und je komplexer ihr Verwaltungsapparat ist, desto schwerfälliger in ihrer Handlungsfähigkeit werden. So haben kleine, mitarbeitergeführte Unternehmen aufgrund ihrer Flexibilität in manchen Bereichen durchaus Wettbewerbsvorteile. Und wenn der Chef für seine Mitarbeiter präsent ist und immer wieder deutlich macht, wofür er steht und welches seine Ziele und Visionen sind, so wirkt das motivierend und fördert die Arbeitsmoral. Letztendlich war es aber auch eine gehörige Portion Glück, die Friedrich bei der Aneignung von Schlesien geholfen hat und die er selbst dann nach dem Siebenjährigen Krieg (1756–1763) als »Mirakel des Hauses Brandenburg« bezeichnete. Wäre es in Russland am Ende *dieses langen Krieges* nicht zu einem preußenfreundlichen Machtwechsel gekommen, er hätte böse für Preußen enden können – zumal Friedrich während des Krieges allmählich das Geld ausging und ihm auch immer weniger Soldaten zur Verfügung standen. Friedrich setzte immer alles auf eine Karte. Sein Credo lautete: »Alles oder nichts!«

Natürlich musste er nach dem Handstreich in Schlesien 1740 damit rechnen, dass sich Österreich nicht einfach so sang- und klanglos geschlagen geben würde. Der Rückschlag musste kommen – und er kam mit dem Siebenjährigen Krieg. Er war für Friedrich äußerst verlustreich und stürzte ihn zeitweilig in schwerwiegende Depressionen und sogar Selbstmordgedanken. Am Ende standen freilich die internationale Anerkennung der Zugehörigkeit Schlesiens zu Preußen und vor allem die Anerkennung Preußens als Großmacht. Endlich wurde das früher unbeachtete Land in der internationalen Politik wahrgenommen und berücksichtigt.

Nach dem Siebenjährigen Krieg waren sowohl Preußen als auch Österreich zur Sicherung des Status quo, aber auch zur Erweiterung ihres außenpolitischen Handlungsspielraums auf Bündnispartner angewiesen. Inzwischen war auch Russland als Großmacht anerkannt und erschien Friedrich als ein durchaus gefährlicher Konkurrent. Daher bemühte er sich um ein Bündnis mit diesem Wettbewerber, denn, wie er 1768 schrieb: »Es gehört zu den Grundregeln der Staatskunst, ein Bündnis mit dem unter seinen Nachbarn zu suchen, der dem Staat die gefährlichsten Schläge versetzen kann.«

1772 schließlich einigte sich Russland mit Preußen und Österreich auf die alle Tabus brechende Teilung Polens, ohne dass Polen überhaupt dazu angehört wurde. Bei dieser Teilung bekam Preußen zwar das kleinste

Stück. Aber dieses Stück Polen – es handelte sich um Westpreußen – war strategisch überaus wichtig. Denn das Gebiet bildete eine Landbrücke zwischen Hinterpommern und Ostpreußen. Mit dem Zugewinn der Landesteile hatte Preußen zudem Kontrolle über vier Fünftel des polnischen Außenhandels. Und nicht zuletzt war es ein beträchtlicher Prestigegewinn für Friedrich und das Haus Hohenzollern: 1773 wurde aus dem »König in Preußen« endlich der »König von Preußen«. Preußen hatte sein Ziel erreicht, es war Global Player.

Wie sehr Preußen übrigens in den Augen seiner Einwohner gewachsen war, sieht man an der spontanen Reaktion eines alten Mannes, als Friedrichs Tod am 17. August 1786 verkündet wurde. Der Greis soll gerufen haben: »Ach, mein Gott, wer wird nun die Welt regieren?« Auch außerhalb des Kriegsgeschehens wusste Friedrich Preußens Stellung im europäischen Wettbewerb zu behaupten. Schon 1740, im Jahr seiner Thronbesteigung, ordnete er an, dass die vorhandenen Fabriken – »Manufacturen« – verbessert werden sollten, fehlende sollten eingeführt und »so viel Fremde von allerhand Conditionen, Charakter und Gattung« ins Land gezogen werden, »als sich nur immer tun lassen will.«

So sorgte er für die Produktivität des eigenen Landes und dafür, dass immer qualifizierte Arbeitskräfte bereitstanden – und dies nicht nur im Militär. Das gelang ihm einerseits durch ein solides Bildungswesen und andererseits eben durch gezielte Anwerbung ausländischer Fachkräfte. Die größte Gruppe bildeten hier die Hugenotten, aber auch die Salzburger Protestanten fanden in Preußen eine neue Heimat. Denn im Gegensatz zu anderen europäischen Herrschern – man nehme nur als Beispiel die streng katholische Maria Theresia – spielte die religiöse Zugehörigkeit für Friedrich keine Rolle. Im Juni 1740 schrieb Friedrich an das Generaldirektorium: »Alle Religionen seindt gleich und guht, wan nuhr die leute, so sie profesieren, erliche leute seindt, und wen Türken und Heiden kähmen und wollten das Land pöpliren, so wollen wir sie Mosqueen und Kirchen bauen.« Aus dieser Zeit stammt auch sein berühmtes Zitat: »Jeder soll nach seiner Façon selig werden.«

Friedrich warb Fachkräfte für bestimmte Berufe nicht nur in den angrenzenden deutschen Ländern, sondern auch durch Niederlassungen unter anderem in Amsterdam, Frankfurt am Main, Genf und Hamburg an. Die ausländischen Arbeitskräfte hatten eine gewisse Sonderstellung inne. Sie konnten sowohl im Militär als auch in bürgerlichen Berufen eingesetzt werden. Das war insofern von großer Bedeutung, als es dem Adel in der Regel verboten war, sich außerhalb des Militärs beruflich zu betätigen. Ab 1769 wurde die Anwerbung von Soldaten und Fachkräften zusammengelegt.

Die neuen Einwohner brachten Friedrich enorme wirtschaftliche Vorteile und somit auch einen sichereren Stand im Wettbewerb der Staaten untereinander. Denn mit ihnen standen ihm nicht nur qualifizierte Arbeitskräfte zur Verfügung; sie sorgten außerdem für steigende Staatseinnahmen und wachsenden Wohlstand. Durch die Trockenlegung und Eindeichung des Oderbruchs gewann Friedrich neue Acker- und Siedlungsflächen. Mit Schlesien gelangten auch zukunftsträchtige Bergbauregionen mit Bodenschätzen in das preußische Herrschaftsgebiet. Außerdem legte Friedrich immer großen Wert auf den Ausbau der Wasserstraßen für den Binnen- und Zwischenhandel. Dabei vernachlässigte er allerdings den Straßenbau und -ausbau, was sich während seiner Kriege rächte.

Auch bemühte er sich, die Bevölkerung zu mehr Leistung zu bewegen: Im März 1748 ermahnte der König die kurmärkische Kammer: »Überhaupt müssen ihr und ein jedes Membrum Eures Collegii die vornehmste Bemühung mit dahin gerichtet sein lassen, dass die Untertanen und ihre Kinder die langen Abende im Herbst und Winter nicht mit Faulenzen zubringen, sondern, wie in anderen Provinzen geschiehet, zum Spinnen und Weben anwenden und dadurch etwas schaffen ... maßen die Faulheit der Churmärkischen Untertanen die einzige Ursache ist, dass dieselben sich in dürftigen Umständen befinden.«

Aufgrund dieser insgesamt guten Infrastruktur und einer Justizreform, welche die Situation für die Bauern im Land deutlich verbesserte, gelang es ihm, Preußen auch nach all den Verlusten insbesondere im Siebenjährigen Krieg wieder aufzubauen und für Zufriedenheit und Wohlstand in der Bevölkerung zu sorgen. Die Einwohnerzahl Preußens stieg unter Friedrich von gut zwei Millionen zur Zeit seiner Thronbesteigung auf rund fünfeinhalb Millionen im Jahr 1784. Damit war Preußen zwar immer noch kein Riese unter den »Big Five« – allein schon Frankreich hatte über 20 Millionen Einwohner –, aber es war eine stattliche Größe, mit der es sich seine Stellung in Europa sichern konnte. Friedrich hatte sein vielleicht wichtigstes Ziel erreicht.

2
Mit Maß und Ziel
Friedrich und das Wachstum

Fast jedes Unternehmen strebt Wachstum an. Bigger is better, lautet die Devise. Doch nicht jedes Wachstum tut dem Unternehmen auf lange Sicht gut. Nicht von ungefähr hat sich während der Lean-Management-Welle in den 1990er-Jahren der Begriff des »Gesundschrumpfens« eingebürgert. Zahlreiche Unternehmen mussten schon leidvoll erfahren, dass sie sich in die falsche Richtung entwickelt hatten. Sie waren fett und unflexibel geworden. Sie waren letztlich mehr gewuchert als gewachsen. Gesundes Wachstum verfolgt immer ein Ziel. Und es erfordert dementsprechend eine an diesem Ziel ausgerichtete Strategie.

Für Friedrich war Wachstum nie Selbstzweck. Sein klares Ziel war, Preußen zu einer anerkannten Macht in Europa und damit auf lange Frist überlebensfähig zu machen. Er wusste früh, welches ideale »Kampfgewicht« Preußen dazu haben sollte. Daher konzentrierte er sich auch von Anfang an auf jene Gebiete, die ihm einen solchen Status verschaffen und sichern konnten. Infrage kamen besonders Polnisch-Preußen, um die Lücke nach Ostpreußen zu schließen, Schwedisch-Pommern und Mecklenburg. Bereits 1731 war ein alter Plan des Großen Kurfürsten (1640–1688) aufgefunden worden, sich diese

Gebiete anzueignen. Diese Länder grenzten an Preußens »Kernland« Brandenburg und schufen Friedrich einen größeren Aktionsradius. Außerdem brachten sie ihm durch ihre Agrarflächen und ihre Bodenschätze – vor allem Silber, Gold und Eisen – enorme ökonomische Vorteile. Strategisch ungünstigere Länder – etwa die bereits erwähnten Gebiete Jülich und Berg – interessierten den Preußenkönig kaum. Auch lag ihm nicht an einer Marktführerschaft – Preußen sollte nicht die Europa gänzlich beherrschende Macht werden. Friedrich kam es einzig auf Anerkennung und damit eine langfristige Daseinsgrundlage für das Land an.

Schon vor seiner Thronbesteigung unterzog Friedrich sowohl seine Konkurrenten als auch Preußen selbst einer sorgfältigen SWOT-Analyse. So erkannte er schon früh, wo die jeweiligen Stärken und Schwächen lagen, welche Chancen es zu nutzen galt und mit welchem Risiko dies jeweils behaftet war.

Die Stärken Preußens lagen vor allem in einem ausgezeichnet aufgestellten Heer und einer soliden Finanzlage. Zwar war das österreichische Heer – wie auch die Heere der anderen Großmächte – zahlenmäßig deutlich überlegen, jedoch durch die vorangegangenen Kriege sehr geschwächt. Hier ist insbesondere der erst 1739 beendete Türkenkrieg zu nennen. Und auch finanziell war Österreich ausgelaugt. Außerdem verfolgten die Habsburger die zweifelhafte Politik, sich die Kriegskasse durch Ausbeutung der Bevölkerung zu füllen. Zwar war Maria Theresia grundsätzlich klar, dass sie ihre Einwohner bei Laune halten musste: »Leute ohne Hoffnung haben nichts zu verlieren und sind zu fürchten. Ich möchte die

Leute zum Gehorsam bringen und ihnen doch zugleich Erleichterungen verschaffen.« In Kriegszeiten wurde dieser Grundsatz jedoch leicht vergessen – wie allerdings auch Friedrich seine speziell im »Antimachiavell« formulierten Grundsätze immer mal wieder verletzte.

Das Risiko, von den anderen Mächten verschluckt zu werden, war für Preußen enorm hoch. Die einzige Chance, die das kleine Land hatte, bestand eben im Wachstum. So nahm Friedrich – wie erwähnt – gleich zu Beginn seiner Regierungszeit die sich durch den Tod Karls VI. bietende Chance wahr, der damaligen Großmacht Österreich das strategisch wichtige Schlesien abzunehmen. Dazu bediente er sich der Bündnispartner Frankreich, Bayern und Sachsen.

Was nun folgte, war zwar immer zielgerichtet, doch ob es strategisch perfekt durchdacht war, ist mitunter zu bezweifeln. Was man Friedrich zugute halten muss, ist eine perfekte Marktbeobachtung. Er verstand sich auf »proaktives« Handeln, wie sich heute so mancher Manager ausdrücken würde. Lange bevor tatsächlich eine Bedrohung vorhanden war, schritt er bereits ein. Doch was ihm letztendlich zum Erfolg verhalf, war nicht immer ein klares strategisches Vorgehen. In seinem Handeln glich er manchmal eher einem Kamikaze-Flieger denn einem besonnenen Feldherrn. Ohne eine gehörige Portion Glück hätte er sein Ziel, Preußen als anerkannte Macht in Europa zu etablieren, wohl kaum erreicht. Doch in der Regel suchte er nach der der optimalen Strategie.

Als etwa die Schlachten in Schlesien gewonnen waren, löste er sich von seinen Bündnispartnern. Denn er wusste, dass er sich auf lange Sicht nicht auf sie verlassen konnte. Außerdem war ihm an einem definitiven Friedensschluss mit Österreich gelegen. Also zog er sich aus Böhmen und Mähren, wohin die Truppen bereits vorgerückt waren, zurück und erreichte in harten Verhandlungen und unter Vermittlung Englands, dass Ober- und Niederschlesien nun zu Preußen gehörten – zumindest bis auf Weiteres.

In den Jahren 1743 und 1744 gelang es den österreichischen, hannoverschen, hessischen, britischen und holländischen Truppen, die Franzosen bis über den Rhein zurückzudrängen. Dies war für Friedrich ein Zeichen, dass Österreich zu stark wurde und Schlesien dem kleinen Staat Preußen nicht mehr sicher war. Als dann auch noch die Zarin Elisabeth Petrowna in Russland den Thron bestieg und großes Interesse daran zeigte, dass Preußen Schlesien wieder an Österreich zurückgab, galt es zu handeln. Also ließ er seine Truppen »präventiv« nach Böhmen ziehen. So wollte er Österreichs Siegeszug bremsen und sicherstellen, dass Preußen bei einer europäischen Friedensregelung über das Habsburger Erbe nicht ausgeschlossen wurde.

In diesem Zweiten Schlesischen Krieg gelang es Friedrich mittels einiger Täuschungsmanöver, auf die er sich sehr gut verstand, mit 62 000 Mann bis nach Prag vorzudringen. Doch dann verließ ihn sein Glück. Die erneut mit Preußen verbündeten Franzosen und Bayern ließen auf sich warten, das bisher neutrale Sachsen stellte sich gegen Friedrich. Ein weiterer Feind war der Winter. Hinzu kamen neben sich häufender Fahnenflucht Typhus und Ruhr. Letztendlich erreichte Friedrich zwar sein Ziel, seinen Besitz in Schlesien zu behaupten. Der Friedensschluss fand Weihnachten 1745 im preußisch besetzten Dresden statt; er wurde in den Aachener Frieden von 1748 übernommen, der den österreichischen Erbfolgekrieg insgesamt beendete. Doch war dieser Sieg teuer erkauft: »Schätzt man die Dinge nach ihrem wirklichen Wert ein, so ist zuzugeben, dass der Krieg ein in mancher Hinsicht sehr unnützes Blutvergießen war und dass Preußen durch eine Kette von Siegen nichts weiter erreicht hatte als die Bestätigung des Besitzes von Schlesien« – so Friedrichs Bilanz in seinen »Mémoires«.

Es folgten einige Jahre des Friedens, in denen Friedrich sich um inneres Wachstum bemühte. Es galt, Finanzen und Armee wieder aufzustocken. Weitere – militärisch unterstützte – »Zukäufe« konnte er sich im Augenblick nicht leisten. Sie hätten das Unternehmen Preußen in den Ruin getrieben.

Doch holte ihn die Notwendigkeit, seinen Neuerwerb abermals militärisch verteidigen zu müssen, schneller ein, als ihm recht sein konnte. Und dabei ging es bei Weitem nicht nur um das neu hinzugewonnene Schlesien. 1756 kam es zu einer großen Koalition von Preußengegnern. Sie umfasste Österreich, Russland und Frankreich. Nicht nur sollte Schlesien wieder zurückerobert werden. Vielmehr wollte man Preußen in Besitz nehmen und den größten Teil seines Territoriums einverleiben. Nun ging es also an die Substanz. Folge war der Siebenjährige Krieg, der Preußen und den König an den Rand des Ruins brachte. Dabei hat Friedrich erneut alles auf eine Karte gesetzt: entweder Ruhm oder völliger Untergang. Dass es dann letztendlich zum Ruhm und zur Anerkennung Preußens als Großmacht kam, ist nicht etwa einer ausgezeichneten Strategie Friedrichs, sondern dem puren Glück zu verdanken gewesen. Denn zu Beginn des Jahres 1762 starb die preußenfeindliche Zarin Elisabeth, und ihr Nachfolger Zar Peter III. verbündete sich mit Preußen. Dies gab dem Krieg seine für Preußen glückliche Wende.

Um die hohen Kriegskosten aufzubringen, ließ Friedrich die Münzen einschmelzen und neu prägen. So entstand »schlechtes«, sprich: minderwertiges Geld. Dies führte zu einer Inflation mit schweren Folgen für Kapitalbesitzer, Beamte und Rentiers. Doch brachte diese Münzverschlechterung 33 Millionen Taler ein. Damit konnten 25 Prozent der Kriegskosten beglichen werden. Durch das Münzedikt von 1764 verlor das Barkapital über 50 Prozent seines Nennwerts. Dadurch wurde zwar der Staatskredit wiederhergestellt, doch lastete diese Vermögensvernichtung allein auf den Schultern der Kaufleute, Fabrikanten, Gehalts- und Zinsempfänger. Ohne die materielle Unterstützung Englands hätte Friedrich Schlesien nicht behaupten können.

Den Erwerb weiterer Ländereien fasste Friedrich nicht ins Auge. Er hat sich wirklich auf seinen Kernbereich konzentriert. Dies war auch insofern wichtig, als jeder Neuerwerb mit zusätzlichem Verwaltungsaufwand und der notwendigen Integration der neuen Bevölkerung verbunden war. Jegliche Diversifizierung hätte nur an den preußischen Kräften gezehrt, statt das Land in seiner Position zu stärken. Dieser Risikoaspekt des Wachstums war Friedrich bewusst.

Wie hoch die Risiken eines »anorganischen« Wachstums auch und gerade heute noch sind, zeigen in neuerer Zeit zwei Beispiele aus der Automobilindustrie: BMW machte mit dem Zukauf von Rover schwere Verluste, Daimler-Benz mit Chrysler. Je weiter sich Unternehmen in ihrem Wachstum von ihrem Kerngeschäft entfernen, desto kritischer wird es. Ein solches Unternehmen sieht sich dann schnell in der Fleckenteppichsituation Preußens in der ersten Hälfte des 18. Jahrhunderts und wird seiner Verwaltungskosten kaum noch Herr. Folge sind ständige Zu- und Verkäufe, welche die Unternehmen in ihrer Substanz gefährden. Es gibt kein Ziel und keine Kontinuität mehr.

Auch werden heute unproduktive Bereiche ganz schnell wieder abgestoßen. Ein Beispiel liefert der Metro-Konzern mit Galeria Kaufhof. Das Warenhaus sei für das Wachstum der Metro AG nicht entscheidend und werde deshalb auch nicht als strategisches Geschäft betrachtet, begründet Konzernchef Eckhard Cordes seine Verkaufsentscheidung. Da stellt sich natürlich die Frage, wieso es überhaupt erworben wurde. Auf der anderen Seite ist eine Fusion mit den Karstadt-Häusern des Essener Einzelhandels- und Touristikkonzerns Arcandor im Gespräch. Eine zielgerichtete Strategie ist hier nicht erkennbar, hier geht es ganz offenbar um Wachstum um des Wachstums willen. Und das bringt letztendlich nur Verlierer.

Langsames, zielgerichtetes Wachstum wird indessen belohnt: So hat etwa die 1985 gegründete Firma Schattdecor durch ihren maßvollen, aber stetigen und vor allem zielgerichteten Wachstumskurs große Erfolge zu verzeichnen. Mit inzwischen tausend Mitarbeitern ist das Unternehmen innerhalb von zehn Jahren zum Weltmarktführer für Dekordrucke mit einem Umsatz von über 400 Millionen Euro aufgestiegen. Es ist in Deutschland, Polen, Italien, Russland, China und Brasilien vertreten. Unternehmer und Mitarbeiter streben gemeinsam noch Höchstleistungen und sichern so langfristig ihren Erfolg.

Und auch der Maschinenbauer Trumpf, ein Familienunternehmen mit 6 000 Angestellten, hat sich einem besonnenen Wachstum von jährlich zehn Prozent verschrieben. Dabei kommen Geld und Strategie aus einer Hand. Wenn die Inhaber der Auffassung sind, dass langfristige Investitionen Vorrang haben, verzichten sie auf eine kurzfristige Rendite.

Die erste Teilung Polens 1772 war im Gegensatz zum vorherigen »Zukauf« eine unblutige Aktion – und genau genommen war sie auch gar kein aktiver Erwerb. Denn Preußen, jetzt Großmacht, nahm an dem politischen Poker teil. Hintergrund waren kriegerische Unruhen in Polen, der russisch-türkische Krieg und mögliche Auseinandersetzungen zwischen Russland und Österreich. Nach dem Tod des sächsischen Kurfürsten und polnischen Königs August III. kam mit Stanislaus II. nicht wie bisher ein Wettiner, sondern ein polnischer Günstling der Zarin auf den polnischen Thron. Die Folge waren massive Widerstände weiter Teile des polnischen Adels, denen Stanislaus trotz des Einmarschs russischer Truppen 1768 in Polen machtlos gegenüberstand. Friedrich war auch einem wachsenden Druck aus dem Zarenreich ausgesetzt, Russland im türkischen Krieg und ggf. auch gegen Österreich zu unterstützen. Um die politische Lage zu bereinigen, schrieb er 1769 in einem Brief an seinen Gesandten von Solms in Petersburg von einer »seltsamen

Idee« und einem »interessanten« und »verführerischen« Plan des dänischen Diplomaten Graf Lynar, der vorschlug, die beteiligten Mächte für die angeblichen Kriegskosten beim türkisch-russischem Krieg durch polnische Gebietsanteile zu entschädigen. Maria Theresia zögerte zunächst; zu offensichtlich war der Rechtsbruch zum Nachteil eines altehrwürdigen europäischen Staats. Doch schließlich nahm auch das Habsburgerreich an den Verhandlungen teil, die 1772 zur Annektierung polnischer Gebiete durch Russland, Preußen und Österreich führten. So konnte Preußen schließlich auch Westpreußen sein Eigen nennen. Zur Haltung Maria Theresias meinte Friedrich sarkastisch: »Sie weinte, aber sie nahm.«

Neben dem Zugewinn neuer Länder setzte Friedrich auch auf »organisches« Wachstum, indem er Fachkräfte aus dem Ausland nach Preußen holte. Bei seiner Einwanderungspolitik – damals wurde dies als »Peuplierung« bezeichnet – legte Friedrich Wert auf eine Homogenität der Zuwanderergruppen, um sie leichter ins Land integrieren zu können. Auch die Integration der großenteils katholischen Bevölkerung Schlesiens fiel aufgrund der religiösen Toleranz Friedrichs nicht schwer.

Eine solche »Peuplierungspolitik« findet heute in den Unternehmen statt – mit dem Unterschied, dass (fast) jede Zugehörigkeit zu einem Unternehmen nur eine Zwischenstation auf dem Karriereweg eines qualifizierten Mitarbeiters oder gar eines Managers ist. Gerade im Topmanagement werden Zeitverträge vorzeitig beendet oder nicht erneuert. Dies hat zur Folge, dass zwar ein frischer Wind und eine neue Perspektive das Unternehmen (kurzfristig) vorantreiben können. Allerdings wandert exakt dieses Potenzial zusammen mit dem in dem Unternehmen erworbenen Know-how dann nach Ablauf des Vertrags in andere Unternehmen und bringt dort Früchte.

Friedrich ließ unter anderem Menschen aus der Pfalz, der Schweiz und aus Württemberg die neu kultivierten Landstriche besiedeln. Diese Menschen brachten nicht nur Arbeitskraft und Steuereinnahmen nach Preußen, sondern auch neue wirtschaftliche Methoden und Fertigkeiten, die bedeutend zum wirtschaftlichen Aufstieg des Landes beitrugen. So wurden etwa Baumeister angeworben, die sich auf die Technik der Entwässerungsgräben verstanden, mit denen Sümpfe trockengelegt und neues Land urbar gemacht werden konnten. Landwirte führten moderne Methoden der Milchwirtschaft ein. Und schließlich kamen fortschrittliche Handwerker, deren Kenntnisse zur Gründung neuer Manufakturen und längerfristig sogar zur Entwicklung ganzer Industriezweige beitrugen, etwa der Samt- und Seiden-, der Möbel- oder Glasproduktion. Gleichzeitig waren die Einwanderer freilich frisches Personal für die königliche Armee.

Insbesondere durch die Trockenlegung, Urbarmachung und Kolonisation des Oder-, des Netze- und des Warthebruchs, wo viele Menschen vor allem aus dem westlichen Deutschland angesiedelt wurden, erzielte Friedrich wirtschaftliche Fortschritte für Preußen. So verdreifachten sich in seiner fast 50-jährigen Regierungszeit die Staatseinnahmen Preußens von sieben Millionen auf rund 20 Millionen Taler.

Nach den Wirren des Krieges galt es, durch Exportförderung möglichst viel Geld ins Land zu holen und durch Drosselung des Imports möglichst wenig hinauszulassen. Der Wiederaufbau (»Retablissement«) in den Provinzen sollte allen Bevölkerungsschichten zugute kommen. Moderne Unternehmen, etwa die Seiden- und Wollindustrie und die Berliner Porzellanmanufaktur, erhielten staatliche Förderung, und das Hüttenwesen in Oberschlesien und in der Grafschaft Mark an der Ruhr erfuhr einen ansehnlichen Aufschwung. Um sich vom Fortschritt der Wiederaufbauarbeiten zu überzeugen, unternahm Friedrich alljährlich ausgedehnte Inspektionsreisen durch die Provinzen.

Insbesondere an der Porzellanmanufaktur lag Friedrich so viel, dass er das erst zwei Jahre alte Unternehmen im Herbst 1763 vom Berliner Kaufmann Johann Ernst Gotzkowsky übernahm. Damit erfüllte er sich einen lange gehegten Wunsch: den Besitz eines eigenen, preußischen Unternehmens zur Herstellung dieses äußerst repräsentativen Produkts. Die ersten Bestellungen des Königs, der sich einmal als sein eigener bester Kunde bezeichnete, ergänzten weitgehend die in Meißen als Kriegstrophäen erworbenen Tafelservice. Doch bereits 1765 bildete eine Bestellung für das Neue Palais in Potsdam den Auftakt zu einer Reihe von 21 großen Hofservicen für die königlichen Schlösser. Mit diesen Servicen wurden nach und nach die Meißener Tafelgeschirre ersetzt. Kein anderer Hof in Europa besaß so viel Service. Weitere Bestellungen von Vasen, Figuren, Kronleuchtern, Spiegelrahmen und vielem mehr folgten. Bald erkannte Friedrich auch, dass Porzellan als sehr geschätztes diplomatisches Geschenk geschickt eingesetzt werden konnte. Aus den verschiedensten Anlässen ließ er ganze Tafelservice, aber auch repräsentative Einzelwerke für fremde Höfe anfertigen.

Doch nicht jedes von Friedrichs Projekten führte zum gewünschten Erfolg. Zwar erwiesen sich die Trockenlegung der Sümpfe und die Einführung der Kartoffel (land-)wirtschaftlich als Segen. Und auch die Ausrottung der Wölfe machte den Preußen das Leben leichter. Die geplante Produktion von Naturseide jedoch scheiterte an der mangelnden Überlebensfähigkeit der Seidenraupen in Preußen. In diesem Bereich hatte Friedrich die notwendigen Analysen im Vorfeld sträflich vernachlässigt und zwei Millionen Taler in den Sand gesetzt. Der Anbau von Maulbeerbäumen, etwa in Schul- und Kirchhöfen sowie an Straßenrändern, half den empfindlichen Tierchen und der Produktion von Naturseide wenig. Das Projekt scheiterte kläglich am hohen Arbeitsaufwand, am Klima und an Krankheiten. Obwohl dieses Wachstumsvorhaben durchaus zielgerichtet war, fehlte es in der Vorbereitung an einer gründlichen und realistischen Chancen-Risiko-Abschätzung, um die sich Friedrich sonst stets bemüht hatte.

3
Die ausgetretenen Pfade verlassen
Friedrich als Querdenker

Die erfolgreichsten Unternehmen machen zwar nicht alles, aber doch vieles anders als andere. Querdenker blicken über den Tellerrand und sind ständig auf der Suche nach neuen Ideen, innovativen Strategien und ungewöhnlichen Wegen. Die natürlichen Feinde der Querdenker sind jene notorischen Bedenkenträger, die stur auf Traditionen und einmal etablierten Prozessen beharren. Ihre Verweigerungshaltung gegenüber Neuerungen äußert sich in den berüchtigten Killerphrasen wie: »Das haben wir noch niemals so gemacht, das kann doch gar nicht funktionieren!«, »Wenn das in deren Branche funktioniert, heißt das noch lange nicht, dass es auch für uns passt. Wir bleiben lieber bei dem, womit wir uns auskennen!« und so weiter. Querdenker dagegen stellen gewohnte Verhaltensmuster und Denkweisen permanent infrage – und kommen so zu neuen, unerwarteten Lösungen, die ihren Erfolg über den Tag hinaus sichern. Denn in einer Welt, die sich ständig verändert, müssen Unternehmen sich immer wieder neu erfinden.

Während seiner Zeit als Kronprinz wurde es Friedrich nicht leicht gemacht, über den preußischen Tellerrand zu schauen. Nicht nur wurde er nach seinem Fluchtversuch 1730 von seinem Vater lange in Küstrin festgehalten.

Auch nachdem er 1733 auf Wunsch seines Vaters Prinzessin Elisabeth Christine von Braunschweig-Bevern geheiratet hatte und 1736 nach Rheinsberg übergesiedelt war, wachte Friedrich Wilhelm eifersüchtig darüber, dass er und niemand anders in Fragen der Außenpolitik als sakrosankte Instanz galt. Dennoch war Friedrich durch seine engen Kontakte mit dem preußischen General und Minister Friedrich Wilhelm von Grumbkow, dem österreichischen Feldzeugmeister Friedrich Heinrich Graf Seckendorff, dem französischen Gesandten Marquis de La Chétardie sowie zahlreichen anderen Diplomaten stets außerordentlich gut über das mächtepolitische Szenario informiert.

Als König dann war Friedrich – im Gegensatz zu den meisten anderen europäischen Herrschern – stets für eine Überraschung gut. Niemals konnte man seinen nächsten Schachzug voraussehen. Immer stellte er Bestehendes infrage. Dies galt insbesondere auf dem Schlachtfeld, wo seine spontanen Entscheidungen in nichts dem Mainstream entsprachen und er den Überraschungseffekt beim Gegner positiv für sich nutzen konnte. Er ließ alle Vorsicht außer Acht und schlug selbst dann zu, wenn er aufgrund der Kräfteverhältnisse eigentlich nur verlieren konnte. »Wir haben keine Chance, also nutzen wir sie« – das hätte auch Friedrichs Motto sein können, wenn er sich einem Gegner stellte.

Um diese nicht vorhandene Chance zu nutzen, bediente er sich beispielsweise der sogenannten »schiefen Schlachtordnung«. Diese Technik hatte er durch seine historischen Studien für sich entdeckt. Insofern ist es für Preußen nur als Glücksfall anzusehen, dass Friedrich schon als Kind keinerlei Neigung verspürte, sich der recht eindimensionalen Erziehung seines Vaters zu ergeben. Zwar spielte er brav mit seinen Soldaten und erlernte auch fleißig die ihm vermittelte Kriegskunst der damaligen Zeit. Doch ließ er sich nicht davon abbringen, alte Sprachen und Geschichte zu studieren. Und siehe da – aus der Geschichte ließ sich lernen, und zwar ganz praktisch. Die »schiefe Schlachtordnung« kam erstmals 371 v. Chr. in der Schlacht bei Leuktra im Konflikt zwischen Sparta und Theben zum Einsatz. Damals gelang es rund 7 000 Thebanern, etwa 10 000 Spartaner zu schlagen. Bei dieser Taktik wird der Großteil der Streitkraft auf den linken oder rechten Flügel des Feindes konzentriert. Diese rückt dann gestuft um die gegnerische Flanke vor.

Friedrich ahmte dieses Vorgehen nach und bediente sich zusätzlich eines Täuschungsmanövers: Er griff die gegnerische Linie gleichzeitig mit weiteren Einheiten frontal an. So hielt er den Gegner an der »falschen« Stelle beschäftigt. Der Feind hatte keine Zeit, seine Truppen neu zu formieren. Nahe der Flanke des Gegners konnten die preußischen Einheiten dann lokale Überlegenheit erlangen, in die Flanke eindringen, die feindlichen Reihen von der Seite her aufrollen und die Formation damit sprengen. In den Schlachten von Leuthen und Roßbach im Siebenjährigen Krieg verhalf die »schiefe Schlachtordnung« Friedrich zu einem durchschlagenden Erfolg. So funktioniert eben echtes Querdenken: über den Tellerrand blicken, Ideen und Vorgehensweise aus einem anderen Zusammenhang lösen und dann an die eigenen Bedürfnisse anpassen.

Der 2005 ernannte Chef der Marketingabteilung bei BMW, Torsten Müller-Ötvös, führte in seinem Bereich mit ca. 300 Mitarbeitern eine besondere Strategie ein, um vom Know-how möglichst vieler seiner Kollegen zu profitieren. Er hat einmal im Monat 15 bis 20 von ihnen auslosen lassen, mit denen er dann bestimmte aktuelle Themen diskutierte. Diese »andere Schlachtordnung« entsprach zwar nicht der Hierarchie, aber sie machten den Chef präsent – und hatte ein enormes Potenzial.

Wenn Friedrich erkannte, dass Traditionen, Verträge und Gesetze seinen Zielen im Weg standen, zögerte er nicht, sie zu ändern oder auch einmal schlicht zu missachten. Nach seinem Credo musste man sich nur so lange an Vereinbarungen halten, wie sie einem auch einen Nutzen brachten. Damit schuf er sich nicht immer Freunde. Dass Friedrich mit seinem Einfall in Schlesien sämtliche internationalen Regeln der europäischen Politik und Kriegführung missachtete, wurde ihm lange übel genommen und führte letztendlich zu der großen preußenfeindlichen Allianz, der er im Siebenjährigen Krieg beinahe zum Opfer gefallen wäre. Doch versetzte ihn dieses Übertreten der Regeln erst in die Lage, auf der Ebene der Großmächte mitzuspielen.

In der heutigen Unternehmenslandschaft sind wirkliche Querdenker ebenso in der Minderheit wie in der damaligen Politik. Viele Topmanager beugen sich der Mode, den Shareholder Value statt des Kundennutzens an die oberste Stelle zu setzen. Der Chef von Porsche, Wendelin Wiedeking, hat die Reihenfolge der Stakeholder aus seiner Sicht beschrieben: Kunden, Mitarbeiter, Geschäftspartner, Lieferanten, Vertriebspartner und danach die Shareholder. Wenn man die Letzteren an die erste Stelle setzt, wird das Unternehmen falsch positioniert.

Der Wert eines Unternehmens wird an den erzielbaren Preisen bei Firmenübernahmen festgemacht. Für nicht konforme Ideen bleibt hier – anscheinend – wenig Raum. Den Mut, sich darüber hinwegzusetzen, bringen heute vielfach eher kleinere Einheiten als große Konzerne auf.

Dabei ist Querdenken ein wirkungsvoller Motor für Innovation – wenn nicht gar der Motor schlechthin. Wirklich erfolgreiche Unternehmen sind offen für alle noch so schrägen Ideen ihrer Mitarbeiter. Diese Offenheit führt zu nachhaltigem Erfolg.

Vor Jahren äußerte sich Randall Erickson, der damalige Chef des europäischen Entwicklungslabors beim Klebe- und Folienkonzern 3M, dass er sich an kein einziges Produkt erinnere, das nicht aus einer verqueren Idee eines Einzelnen entstanden sei. Zu den so entstandenen Produkten zählen beispielsweise die Postits, die aus keinem Büro mehr wegzudenken sind. Die Idee, Notizzettel mit Klebstoff zu versehen, erschien zunächst verrückt. Heute denkt niemand mehr darüber nach.

Friedrich unterschied sich von den meisten Machthabern seiner Zeit darin, dass er immer wieder Wert darauf legte, dass seine Entscheidungen verstanden und verinnerlicht wurden, obwohl er als absolutistischer Herrscher niemandem Rechenschaft schuldig war. Sein Querdenken war dem kleinen Staat Preußen auf seinem Weg zu einer festen Größe in Europa auch in Friedenszeiten hilfreich. Beispielsweise eröffnete ihm seine bereits erwähnte religiöse Toleranz ein weites Spektrum an Menschen, die er ins Land holen und deren Arbeitskraft und Know-how er nutzen konnte. Die religiösen Flüchtlinge, die »Refugiés«, sorgten nicht nur für eine kulturelle und wirtschaftliche Bereicherung Preußens, sondern durch ihre Weltläufigkeit auch für zahlreiche neue Impulse. Diese Toleranz war auch in Anbetracht der territorialen Neuerwerbungen dringend nötig und wurde letztlich zum faktischen Staatsprinzip erhoben – im selben Jahr übrigens, in dem er die Folter abschaffte. Denn die neuen Einwohner brachten Preußen eine enorme konfessionelle Vielfalt.

Doch es war Friedrich – obwohl er absolutistischer Machthaber war und den Weg beliebig vorgeben konnte – immer wichtig, dass seine Vorgaben auch verinnerlicht wurden. Ihm lag daran, dass man verstand, warum er etwas anordnete. So geht von dem Preußenkönig folgende Geschichte um: Friedrich erhielt die Bittschrift eines katholischen Untertanen vorgelegt, der ein Haus kaufen wollte. Ein Immobilienerwerb war nach den damaligen Gesetzen jedoch nur Lutheranern und Calvinisten gestattet. Da die anwesenden Ratsherren der Heimatstadt des Bittstellers ihn auf dieses Gesetz hinwiesen und nicht gewillt waren, der Bittschrift nachzugeben, erzählte ihnen Friedrich von einem Traum: »Ich war selig verschieden und befand mich bereits vorm Himmelstor. Ich pochte an und Petrus rief mir aus dem Wachhausfenster zu: ›Wer da?‹. Ich antwortete: ›Ein lutherischer Christ!‹ – ›Lutherische Christen? Kennen wir hier nicht!‹ – und schon war das Fenster wieder geschlossen. Nach und nach kamen weitere Verschiedene ans Himmelstor – Katholiken, Pietisten, Quäker und vieles mehr. Sie bekamen alle dieselbe Frage gestellt und auf ihre Antwort hin den entsprechenden Bescheid. Schließlich war die lange Bank vor dem Himmelstor gut gefüllt und wir kamen in den schönsten Disput miteinander. Die Himmelsluft stimmte uns ungemein friedlich, und so waren wir tatsächlich einer Meinung, der wir dadurch Ausdruck gaben, dass wir das alte treffliche Lied anstimmten: ›Wir glauben all an einen Gott …‹ Als der erste Vers zu Ende war, ging das Himmelstor feierlich auf. Petrus trat hervor und sprach: ›Genug! Jetzt könnt ihr hereinkommen. Hättet ihr schon auf Erden die nämliche Einsicht gehabt, so wäre euch das lange Warten erspart geblieben. Aber ihr wart alle miteinander Narren.‹ – So, meine Herren, das war mein Traum. Und nun wollen wir uns das Gesuch des katholischen Christen wieder vornehmen.« Und natürlich entschieden die Ratsherren in Friedrichs Sinne.

Bei aller Toleranz war jedoch auch Friedrich nicht vor Vorurteilen gefeit. So standen die Juden auf besonders schmerzliche Weise am Rande der preußischen Gesellschaft. Friedrich hegte ein tiefes Misstrauen gegen Menschen jüdischen Glaubens, das ihn immer wieder zu abfälligen Bemerkungen veranlasste. Doch alles in allem ließ er sie in Ruhe, und sie konnten sich als Bankiers, Finanzmakler, Geld- und Pfandleiher Wohlstand und Ansehen erwerben. Allerdings wurden von ihnen diskriminierend hohe Steuern erhoben. Im Jahr 1749 gab es in Berlin 119 jüdische Großunternehmer. Und mit Moses Mendelssohn gab es einen jüdischen Philosophen, der zu den Vordenkern der preußischen Aufklärung zählte und dem Gotthold Ephraim Lessing mit seinem Theaterstück *Nathan der Weise* ein bleibendes Denkmal setzte. Später kamen die literarischen Salons jüdischer Frauen wie Rahel Varnhagen hinzu, die zum Treffpunkt der Intellektuellen im Berlin an der Schwelle zum 19. Jahrhundert wurden.

Auch in der Justiz stieß Friedrich grundlegende Reformen an, die einen Querdenker auf dem Thron verraten, der Bestehendes permanent auf den Prüfstand stellt. So erregte er als junger König Aufsehen in Preußen – ja, in ganz Europa –, weil er am 3. Juni 1740, unmittelbar nach seiner Krönung, seinem Justizminister Samuel Freiherr von Cocceji zunächst befahl, die Folter nur noch bei »großen Mordtaten, wo viele Menschen ums Leben gebracht«, anzuwenden; ebenso verbot Friedrich das Ertränken von Kindesmörderinnen und die Todesstrafe bei Abtreibungen. 1754 schaffte er die Folter dann ganz ab. Diese Entscheidung wurde mit großer Sorge betrachtet: Wie sollte man denn nun einen Straftäter überführen? Man musste doch das Geständnis aus ihm herauspressen können! Würde er nicht sonst immer alles leugnen? Die Furcht vor einer Zunahme der Kriminalität war groß. Denn damals konnten nur zwei direkte Tatzeugen oder ein Geständnis zu einer Verurteilung führen. Indizien reichten selbst dann nicht aus, wenn die Sachlage eindeutig gegen den Angeklagten sprach. Daher wurde 1754 die »Verdachtsstrafe« eingeführt. War die Beweislage unvollständig, erhielt der Beschuldigte eine mildere Strafe als die eigentlich vorgesehene. Zwar galt noch nicht der Grundsatz »In dubio pro reo« – im Zweifel für den Angeklagten –, doch wurde die Folter als Mittel der Beweisführung nun verzichtbar.

Um stetig neue Impulse zu erhalten, umgab sich Friedrich gerne mit diversen Gelehrten und Künstlern. Seine Tafelrunden und Soireen waren eine feste Einrichtung. Außerdem beschäftigte er immer sogenannte Vorleser, die ihm Informanten, Unterhalter und Berater in einem waren. Unabdingbare Voraussetzung, die alle Vorleser erfüllen mussten, war die perfekte Beherrschung der französischen Sprache. Ja, man parlierte Französisch. Das war die Sprache des Adels und der Diplomatie in Europa. Das Deutsche galt Friedrich als kulturlos und barbarisch. Sollten sich doch die Bauern auf dem Feld in dieser ungehobelten Sprache verständigen! In seinem »Sanssouci« waren deutsche Töne unerwünscht.

Ein von Friedrich besonders geschätzter Gast war der französische Philosoph und Schriftsteller Voltaire, mit dem er schon als Kronprinz in einen eifrigen Briefwechsel trat. 1743 gelang es ihm schließlich, Voltaire als Kammerherr nach Potsdam zu holen. Dies bedeutete für Friedrich – und für Preußen – einen enormen Prestigegewinn, denn dieser Vordenker der Aufklärung war sehr umworben. Allerdings führten die Querelen Voltaires mit anderen Höflingen, insbesondere mit dem Präsidenten der Berliner Akademie, dem Mathematiker und Naturforscher Pierre-Louis Moreau de Maupertuis, zu einer tiefen Verstimmung. Auch war er in dubiose Bankgeschäfte verwickelt. Schließlich bat Voltaire um Entlassung aus seinem Hofamt, das er ohnehin nur widerwillig angenommen hatte. Doch er wurde zunächst nur für eine Kur beurlaubt. Als er allerdings von Leipzig aus Maupertuis noch einmal angriff, wurde er in Unehren entlassen und bei einem Aufenthalt in der Freien Reichsstadt Frankfurt auf Ersuchen Friedrichs sogar festgesetzt und unter dem Verdacht, er habe ein Manuskript von ihm entwendet, einer demütigenden Gepäckkontrolle unterzogen. Erst Friedrichs Schwester Wilhelmine konnte zwischen den beiden Männern vermitteln und eine Versöhnung herbeiführen. Der Briefwechsel zwischen dem König und dem Philosophen setzte sich schließlich in der gewohnt respektvollen und anregenden Weise bis zu Voltaires Tod am 30. Mai 1778 fort.

Mit der Auswahl seiner Vorleser sah Friedrich nicht nur zu, dass seine schöngeistigen Interessen befriedigt wurden. Er wusste sich durchaus auch Persönlichkeiten ins Haus zu rufen, von denen er über die Kriegskunst Wichtiges lernen konnte. Eine davon war Karl Theophilus Guichard, der sich in der antiken Kriegführung perfekt auskannte, sich als Militärschriftsteller einen Namen gemacht hatte und Friedrich ein kompetenter Berater war. Und auch schon während seiner Kronprinzenzeit in Rheinsberg holte er sich mit Isaak Franz Egmont Vicomte de Chasôt einen überaus geistreichen, temperamentvollen und militärisch kompetenten Offzier an seine Tafel. Es gab auch andere. So wurde als Vorleser der Arzt und Philosoph de La Mettrie verpflichtet, der gebildet und zugleich skrupellos war. Er war unterhaltend, schrieb provozierende Schriften über die Wollust und andere aufregende Themen und starb stilvoll an den Folgen eines Festmahls. Bedeutend war der Schweizer Henri de Catt, der während des Siebenjährigen Krieges als Privatsekretär stets in der Nähe des Königs war und dessen detaillierte Aufzeichnungen eine intime Beschreibung des Königs sind. Kurz: Das reine Soldatenleben langweilte Friedrich. Zur Inspiration benötigte er unbedingt eine vielfältige, wortgewandte Gesellschaft.

Die Suche nach Inspiration bewegte auch Eberhard von Kuenheim, von 1970 bis 1993 Vorstandsvorsitzender bei BMW, sich Anfang der 1970er-Jahre zusammen mit seinen Kollegen, den Topmanagern der Quandt Gruppe, bei kleinen, innovativen Unternehmen umzusehen. Er wollte hören und erleben, was die Erfolgsrezepte solcher »Querdenker« waren, um von ihnen für sein großes Unternehmen zu lernen. Die Impulse, die er bei erfolgreichen Gründern erhielt, waren eine effektive Triebkraft, um das Unternehmen BMW auf Expansionskurs zu bringen. Unter von Kuenheims Führung verdreifachte sich die Zahl der Mitarbeiter von rund 23 000 auf 71 000. Eine der Firmen, die von Kuenheim damals besichtigte, war die Nixdorf Computer AG in Paderborn, deren Geschäftsleitung ich zu dieser Zeit angehörte. Der hohe Besuch versetzte die dortige Belegschaft in helle Aufregung. Dabei ging es nicht zuletzt auch um die Frage, wie man den Gast bewirten solle. Der scheinbar unbedarfte Vorschlag des hemdsärmeligen Firmenchefs Heinz Nixdorf, den BMW-Chefs Suppe mit Würstchen zu servieren, stieß auf blankes Entsetzen – zumal das in der Praxis dann noch so aussah, dass die Teilnehmer in den einfachen Schulungsräumen der Nixdorf Schule gebeten wurden, zur Seite zu rücken, damit die stämmigen Frauen aus der Kantine die Suppe servieren konnten. Und beim Kaffee danach war Selbstbedienung angesagt. Doch Querdenker Nixdorf ließ sich nicht beirren – und er behielt Recht: Ausgezeichnet mundete die Suppe von Kuenheim, der von den immer gleichen »edlen« Gerichten schon lange genug hatte. Endlich gab es einmal etwas Ordentliches zu essen! Und außerdem war man ja wegen des Ideenaustauschs gekommen und nicht, um sich mit endlosen Menüfolgen aufzuhalten. Der Besuch war letztlich für beide Seiten ein voller Erfolg, Großunternehmen und Start-up lernten voneinander. Dass Nixdorf ein gutes Jahrzehnt später von einem Großkonzern – meinem späteren Arbeitgeber Siemens – übernommen würde, konnte damals noch niemand ahnen. Es zeigt deutlich, dass Querdenken allein nicht ausreicht.

Friedrich wusste auch bei anderen Menschen durchaus zu schätzen, wenn sie ausgetretene Pfade verließen. Trat jemand ihm gegenüber schlagfertig auf und verhielt er sich eben nicht so unterwürfig, wie man es damals in der Situation zwischen Herrscher und Untertan erwartete, wurde er in vielen Fällen mit Nachsicht behandelt. Und eventuell sogar belohnt, obwohl er eigentlich eine Strafe wegen Majestätsbeleidigung zu befürchten hatte. So wollten einmal ein Bauer und seine Frau dem König eine Bittschrift überreichen. Friedrich fragte nach ihrem Anliegen und erwiderte auf ihre entsprechende Auskunft: »Ihr müsst nach der Kammer gehen, da werdet ihr Bescheid erhalten.« – »Da sind wir schon gewesen«, antwortete die Frau. »Nun, so kann ich Euch auch nicht helfen!«, sprach Friedrich. »Komm«, sagte daraufhin der Bauer zu seiner Frau, »komm! Du siehst ja, dass er mit der Kammer unter einer Decke steckt.« Dies amüsierte Friedrich so sehr, dass er die Bittschrift annahm.

Ein weiteres Beispiel liefert eine Episode zwischen Friedrich und seinem kleinen Neffen, dem damals knapp fünfjährigen Prinzen von Preußen. Der Junge spielte in Friedrichs Zimmer mit einem Federball, während der König mit wichtigen Arbeiten beschäftigt war. Nachdem der Federball wiederholt auf dem Schreibtisch gelandet war, steckte Friedrich ihn kurzerhand ein und gab ihn nicht mehr heraus. Da half alles Bitten und Betteln nichts. Als sich jedoch der junge Prinz selbstbewusst und drohend vor dem König aufbaute und den Federball forsch herausforderte, lachte Friedrich und warf seinem Neffen den Federball mit den Worten zu: »Dir werden sie Schlesien nicht wieder nehmen!« Ein echter Querdenker ist eben am liebsten von Menschen umgeben, die auch ihren eigenen Kopf haben.

4
Immer offen für Neues
Friedrich als Innovator

Innovation – ein Zauberwort für den wirtschaftlichen Erfolg. Seit 1980 gibt es den Innovationspreis der deutschen Wirtschaft. Auf der Homepage www.innovationspreis.com heißt es: »Ohne Innovationen gibt es keine technische, volkswirtschaftliche und gesellschaftliche Zukunft. Aufgrund der Rohstoffarmut und der Exportabhängigkeit Deutschlands sowie dem zunehmenden globalen Wettbewerb steht die deutsche Wirtschaft unter einem besonderen Innovationszwang. Diese Notwendigkeit war für den Wirtschaftsclub Rhein-Main e. V. der Anlass, den Innovationspreis der deutschen Wirtschaft ins Leben zu rufen. Der Preis wird in drei Kategorien vergeben: Start-up, Mittelstand und Großunternehmen. Zu den Preisträgern der letzten Jahre in der Kategorie »Großunternehmen« zählen BMW (Aktivlenkung für variable Lenkübersetzung), Siemens (neuartiger Höchstleistungsstrahler für die Computertomografie), Fresenius (Nierensalztherapie), Carl Zeiss (Immersionslitografie für die Chip-Fertigung) und MAN Diesel (Gasmotor mit neuartigem Zündverfahren).

Rohstoffarmut, Exportabhängigkeit – diese Themen waren auch für Friedrich durchaus aktuell. Die wirtschaftliche Macht eines Staates beruhte im Europa des

18. Jahrhunderts maßgeblich darauf, möglichst unabhängig von Importen aus anderen Ländern zu sein. Außerdem kosteten die vielen Kriege Rohstoffe, Geld und Arbeitskräfte. All dies musste schnellstmöglich wieder aufgestockt werden. Ohne Innovationen war das nicht möglich.

Friedrich hat sich in vielen verschiedenen Bereichen innovativ gezeigt: im Militär, in der Landwirtschaft, im Bereich Bildung und Wissenschaft und vor allem auch in der Verwaltung und in der Justiz. Er informierte sich stets gründlich über den Status quo und die Entwicklungen im eigenen Land und bei den Nachbarn. So verlor er nie den Überblick und wusste, worauf es ankam. Der Nobelpreisträger Linus Pauling sagte einmal, Innovation beruhe auf den »vier Gs« Geist, Geduld, Geld und Glück. Geist und Glück hatte Friedrich im Übermaß, die Staatskasse war dank des guten Haushaltens seines Vaters auch gut gefüllt, nur an Geduld fehlte es ihm stets. Doch dieses mangelhaft besetzte G wurde durch die drei anderen und außerdem durch ein enormes Maß an Risikobereitschaft wieder wettgemacht.

Kaum lag sein Vater, der Soldatenkönig Friedrich Wilhelm I., unter der Erde, nahm Friedrich mehrere Reformen in Angriff, allen voran die des preußischen Heeres. So verstärkte er die Wehrkraft des Landes um »16 Bataillone, fünf Schwadronen Husaren und eine Schwadron Gardes du Corps«, wie er Voltaire in einem Brief vom 27. Juni 1740 mitteilte. Die Gardes du Corps waren übrigens nicht nur eine persönliche Leibwache für den König, sondern ein Vorbild für die preußische Kavallerie, die dringend reformiert werden musste. Die Husaren, eine besonders leicht bewaffnete Kavalleriegattung, waren etwas Neues in der preußischen Armee.

Eine wichtige Errungenschaft aus der Regierungszeit Friedrich Wilhelms I. war der eiserne Ladestock: Der »alte Dessauer« Leopold Fürst von Anhalt-Dessau führte – neben dem Gleichschritt der Grenadiere – für sein Regiment auf eigene Kosten den stählernen Ladestock mit breitem eisernen Kopf ein. Denn die üblichen hölzernen Ladestöcke brachen oft in der Hitze des Gefechts. Die Investition lohnte sich: Mit drei Schuss pro Mann und Minute war Preußen in Europa, was die Ladegeschwindigkeit anging, konkurrenzlos. Zwar ist sprichwörtlich geworden: »So schnell schießen die Preußen nicht.« Doch dank ihrer eisernen Ladestöcke schossen sie sehr schnell, deutlich schneller als ihre Gegner.

Friedrich legte auch schon gleich die Grundlagen der neuen Militärakademie und schuf eine neue Behörde für Handel und Industrie – alles Bereiche, die ihm wichtig schienen, um das Land auf Vordermann zu bringen. Insbesondere die Förderung der Industrie lag Friedrich sehr am Herzen. Dafür hatte sein Vater schon gute Vorleistungen erbracht.

Als dieser 1713 den Thron bestieg, war die preußische Rüstungsindustrie noch nicht besonders weit entwickelt. Diesen Zustand fand der »Soldatenkönig« nicht zufriedenstellend. Er wollte Preußen von Waffenimporten völlig unabhängig machen. Es folgte ein konsequenter Aufbau einer eigenen Rüstungsindustrie. Bei der Auswahl der Standorte war wichtig, dass große Wasserläufe als Energiequellen vorhanden waren. Hinzu kam, dass auf den schlecht ausgebauten Straßen die schwere Fracht kaum transportiert werden konnte. Dass der Straßenbau dabei sträflich vernachlässigt wurde und das Heer bei seinen Kriegszügen behinderte, steht auf einem anderen Blatt.

Diesen Ausbau der preußischen Rüstungsindustrie setzte Friedrich fort und verstärkte ihn noch. Nach der Eroberung Schlesiens übernahm und erweiterte Preußen die Kanonengießerei in Breslau. Außerdem entstanden etliche Pulvermühlen. Zwischen 1741 und 1745 stellte Preußen 444 Geschütze her, und die Sprengstoffproduktion stieg von 402 000 Pfund im Jahr 1746 auf 504 000 Pfund zehn Jahre später.

Granaten und Bomben musste Friedrich allerdings aus Schweden importieren, da die heimische Eisenindustrie mit ihrer Kapazität nachhinkte. Doch auch hier war es ihm wichtig, Abhilfe zu schaffen: Bis 1755 entstanden zahlreiche neue Eisenwerke in Schlesien. Außerdem strukturierte Friedrich das gesamte Hüttenwesen neu. Wurden zuvor die Produktionsstätten nur verpachtet, so kamen nun andere Gesellschaftsformen zur Anwendung. Das hatte den Vorteil, dass die Unternehmer nicht nur an kurzfristigen Gewinnen, sondern an nachhaltigen Innovationen interessiert waren. Als Pächter hatte ihnen dafür jeglicher Ansporn gefehlt. In der Folge wurden durch die Einführung neuer Technologien große Fortschritte erzielt. So förderte der 1777 zum Etats-, Kriegs- und dirigierenden Minister und Oberberghauptmann ernannte Friedrich Anton von Heynitz den Bau der ersten deutschen Dampfmaschine im Jahr 1783. Das Knowhow und geschultes Personal dazu holte man sich aus Großbritannien.

Mitte der 1740er-Jahre gründete Friedrich in Eberswalde eine Messer- und Stahlwarenfabrik, gleichzeitig verbot er die Einfuhr derartiger Erzeugnisse nach Preußen. Dies hatte zur Folge, dass zahlreiche Messerschmiede aus anderen Regionen nach Eberswalde kamen, um sich dort ihr Brot zu verdienen. Auch der Finowkanal, der als Verkehrsweg wie auch als Energiequelle große Bedeutung hatte, wurde erneut ausgebaut.

Friedrich setzte also keineswegs auf Outsourcing – im Gegenteil! Er sah zu, dass er die besten Technologien und die fähigsten Köpfe in sein »Unternehmen« Preußen zog. Und er subventionierte Fabriken, die sich innovativen Produkten und Methoden widmeten. So sorgte er für einen enormen Know-how-Gewinn – während in den Unternehmen von heute das Schreckgespenst des Know-how-Verlusts die Runde macht, vor allem im IT-Bereich, aber auch in anderen Branchen. So äußerte sich Peter Scherrer, Generalsekretär des Europäischen Metallgewerkschaftsbundes, im März 2007 gegenüber der »Neue Ruhr Zeitung / Neue Rheinzeitung« besorgt über die Produktionsverlagerung des Flugzeugbauers Airbus nach Asien: »Wir laufen Gefahr, dass bei einem Abbau von 10 000 Airbus-Arbeitsplätzen für den Konzern auch sehr viel Qualifikation und Know-how verloren geht. Genau das aber war und ist das größte Pfund, das Airbus im globalen Wettbewerb hat.« Sicher war sein primäres Anliegen als Gewerkschaftschef, die Arbeitsplätze in Europa zu erhalten. Doch das Argument des Know-how-Verlusts ist nicht von der Hand zu weisen.

Weitere aktuelle Schlagworte in diesem Zusammenhang sind »Markenklau« und »Produktpiraterie«, die vor allem mit China assoziiert werden. Allerdings erkennen auch russische, brasilianische und indonesische Unternehmen immer häufiger, dass sich mit dieser Methode gute Geschäfte machen lassen. Der Verband Deutscher Maschinen- und Anlagenbau geht davon aus, dass zwei Drittel der Branche von Produktpiraterie betroffen sind. Dies ist die Kehrseite der Medaille »Globalisierung«, in der Standorte und Managerposten um kurzsichtiger Gewinnerwartungen willen nach Gutdünken gewechselt werden. Denn auf diese Weise wandert auch das Wissen von einer Firma in die andere und von einem Land ins andere.

Eine der segensreichsten Innovationen in der preußischen Landwirtschaft war die Trockenlegung der Sümpfe. Als die Arbeiten im unteren Oderbruch abgeschlossen waren, zog Friedrich Bilanz: »Hier ist ein Fürstentum erworben worden, worauf ich keine Soldaten zu halten nötig habe!« Die neuen Flächen konnten zur Ansiedlung und zur Landwirtschaft genutzt werden.

Im landwirtschaftlichen Bereich erwies sich vor allem der Anbau der Kartoffel als Glücksfall. Dabei war es zunächst gar nicht so einfach, die Bauern von der merkwürdigen Knolle zu überzeugen. Erst versuchte es Friedrich mit einer List: Er ließ einige Kartoffelfelder von Soldaten anlegen und streng bewachen. Seine Hoffnung war, dass dies die Neugierde der Bauern wecken würde. Das tat es auch – allerdings nur bei einigen wenigen Bauern. Also blieb nur eines: der »Kartoffelbefehl«, die »Circular-Ordre« an die preußischen Beamten vom 24. März 1756. »Als habt Ihr denen Herrschaften und Unterthanen den Nutzen von Anpflantzung dieses Erd

Gewächses begreiflich zu machen, und denselben anzurathen, dass sie noch dieses Früh-Jahr die Pflantzung der Kartoffeln als einer sehr nahrhaften Speise unternehmen.« Wer sich nun noch weigerte, Kartoffeln anzubauen, musste mit Strafe rechnen.

Auch im Bildungs- und Wissenschaftswesen tat sich unter Friedrich viel. So organisierte er die Preußische Akademie der Wissenschaften komplett um. Anfang 1744 vereinigte er die alte »Sozietät der Wissenschaften« und die 1743 in Berlin gegründete »Nouvelle Société Littéraire« zur »Königlichen Akademie der Wissenschaften«. Deren Statut vom 24. Januar 1744 legte erstmals – analog zu anderen europäischen Akademien – die öffentliche Ausschreibung von Preisaufgaben fest. Die Preisaufgaben bezogen sich auf ungelöste wissenschaftliche Fragestellungen und förderten so die Entwicklung der Wissenschaften. Preisträger der Preußischen Akademie der Wissenschaften waren unter anderen Jean le Rond d'Alembert, Gotthold Ephraim Lessing und Immanuel Kant.

Das Wissenschaftssponsoring erfreut sich auch bei heutigen Unternehmen immer größerer Beliebtheit. So tragen nicht nur einzelne Lehrstühle mittlerweile den Namen von Unternehmen, wie etwa der Hilti-Lehrstuhl für Wirtschaftsinformatik an der Universität Liechtenstein oder der Ernst & Young-Stiftungslehrstuhl für Rechnungswesen an der Universität Mannheim. Sondern auch ganze Universitäten werden mittlerweile gesponsert. Beispielsweise heißt die private International University Bremen seit 2007 »Jacobs University Bremen«. In Friedrichs Heimat Potsdam gründete 1999 einer der SAP-Väter, Prof. Dr. h. c. Hasso Plattner, zusammen mit dem

Land Brandenburg als Mitstifter die Hasso-Plattner-Stiftung für Softwaresystemtechnik, die das gleichnamige Institut der Universität Potsdam unterhält.

1765 errichtete Friedrich in Berlin die »Académie des nobles« oder auch »Académie militaire«, wo junge Adlige zum Militär- und Staatsdienst ausgebildet werden sollten. Der Unterricht umfasste die Fächer Geschichte, Geografie, Philosophie, Rhetorik, Geometrie, Fortifikation, Grammatik, Französisch, Exerzieren, Tanzen und Reiten. Die Schüler kamen entweder direkt oder über die Kadettenanstalten zur Akademie. Die zwölf besten Absolventen holte Friedrich II. jeweils nach Potsdam, um sie persönlich zu Generalstabsoffizieren auszubilden. Ein solches »Studium Generale« ist heute eher die Seltenheit. Studenten, die sich ein solch breites Wissensspektrum gönnen, laufen Gefahr, als wenig zielstrebig wahrgenommen zu werden.

Friedrichs militärische Führungskräfte genossen also eine fundierte Ausbildung. Heute setzt man hingegen eher auf »Learning by Doing«. Was auch immer er studiert hat, ein Manager kann sich nach seinem Studium niemals mit Fug und Recht »ausgebildeter Manager« nennen. Außerdem haben heute die wenigsten Führungskräfte ihr Unternehmen »von der Pike auf« kennengelernt. Vielmehr müssen sie sich ihre Qualifikation als Führungskraft für dieses Unternehmen erarbeiten, während sie bereits Führungskraft sind. Zuvor wurden sie in aller Regel in einem Assessment Center »getestet«. Wenn sie Glück haben, erhalten sie auch noch die eine oder andere Fortbildung hinsichtlich Coaching und/oder Projektmanagement. Alles andere muss sich dann finden – oder eben nicht! Viele Führungskräfte wissen nicht einmal, was von ihnen erwartet wird, wenn sie eine Stelle antreten. Zu diesem Ergebnis kam eine Studie der Unternehmensberatung im Human-Resources-Bereich »Development Dimensions International« aus dem Jahr 2007. 80 Prozent aller Führungskräfte sind der Ansicht, dass sie ihren letzten Karriereschritt erfolgreicher hätten vollziehen können, wenn sie gewusst hätten, welche Denk- und Arbeitsweise die neue Aufgabe von ihnen fordert. Diese schlechte Ausbildung der Manager kommt die Unternehmen teuer zu stehen. Fehler des Managements führen nicht selten in ein wirtschaftliches Desaster.

Nun wird ja der Grundstock für eine solide Ausbildung schon sehr viel früher, nämlich im Kindesalter gelegt. Bereits 1717 wurde unter Friedrich Wilhelm I. in Preußen die allgemeine Schulpflicht eingeführt. Den Eltern wurde befohlen, ihre Kinder vom fünften bis zum zwölften Lebensjahr in die Schule zu schicken. Doch war das Lehramt für die damaligen Lehrkräfte nur Nebenbeschäftigung. Für ihren eigentlichen Lebensunterhalt sorgten sie auf anderem Wege, beispielsweise durch Schnapsausschank. Die Schulen standen unter der Aufsicht der Kirche, und der Gutsherr sah die Kinder seines Dorfes in der Regel lieber auf dem Feld als in der Schulbank. Noch Ende des 18. Jahrhunderts war in den westlichen Provinzen etwa die Hälfte der Landbevölkerung Analphabeten, im Osten fast jeder. Daher kam es 1779 zu Friedrichs in heutigen Ohren skurril klingender Forderung, dass die Lehrer lesen, schreiben und rechnen können sollten. Zuvor schon, am 12. August 1763, hatte er das Generallandschulreglement verabschiedet, das die Grundlage für die Entwicklung des preußischen Volksschulwesens bildet. Ein Auszug daraus: »Zuvörderst wollen Wir, dass alle Unsere Untertanen, es mögen sein Eltern, Vormünder oder Herrschaften, denen die Erziehung der Jugend obliegt, ihre eigenen sowohl als ihrer Pflege anvertrauten Kinder, Knaben oder Mädchen, wo nicht eher, doch höchstens vom fünften Jahre ihres Alters in die Schule schicken, auch damit ordentlich bis ins dreizehnte und vierzehnte Jahr kontinuieren und sie so lange zur Schule halten sollen, bis sie nicht nur das Nötigste vom Christentum gefasst haben und fertig lesen und schreiben, sondern auch von demjenigen Rede und Antwort geben können, was ihnen nach den von Unsern Konsistorien verordneten und approbierten Lehrbüchern beigebracht werden soll.«

Friedrich II. hat sich um die Universitäten des Landes (Halle, Frankfurt/Oder, Königsberg) nicht gekümmert. Sie erschienen ihm als Reste alter Bildungsvorstellungen. Im Jahr 1742 äußerte er:»Sie haben aber zu viel Professores. Sie sollten wenige und tüchtige berühmte Männer nehmen, wodurch die Universitäten am besten in Flor kommen. Pedanten und faule Bäuche schaden mehr als sie nützen.«

Der vierte große Bereich, in dem Friedrich Reformen angestoßen bzw. fortgeführt hatte, waren Verwaltung und Justiz. Die Verwaltungsreform wurde bereits von Friedrich Wilhelm I. in Gang gesetzt, der das Staatswesen neu organisierte und ganz den Belangen der Armee unterordnete. In der ersten großen Verwaltungsreform 1722/23 stellte der Soldatenkönig durch die Schaffung einer gemeinsamen Zentralbehörde, des Generaldirektoriums, eine enge Verbindung zwischen Staats- und Heeresverfassung her. Dieses Generaldirektorium teilte Friedrich dann schon bald nach seiner Thronbesteigung in verschiedene Sachressorts ohne territoriale Zuständigkeit. Eines der Ressorts erhielt die Aufgabe, militärische Versorgungsprobleme zu lösen, ein anderes war für die Verkehrserschließung sowie für die Bevölkerungs- und Siedlungspolitik verantwortlich, wieder ein anderes für die staatliche Gewerbeförderung. Zur Bewältigung dieser Aufgaben musste ein hierarchisch untergliederter Behördenapparat mit abgegrenzten Entscheidungsbefugnissen geschaffen werden, der auch die entferntesten Landesteile erreichte. Dies war ein großer Schritt hin zum heutigen Beamtentum: Schon das Generaldirektorium unter Friedrich war gekennzeichnet durch feste Bürozeiten, Instruktionen von oben, sehr begrenzte Zuständigkeiten und einen daraus folgenden Mangel an Eigeninitiative.

Zwischen 1747 und 1749 führte Friedrich in einzelnen Provinzen in Form des Codex Fridericianus eine neue Prozessordnung ein. Darin wurde beispielsweise festgelegt, dass »Notarii« eine fundierte Ausbildung, also ein Jurastudium, nachweisen und eine Art Führungszeugnis vorlegen mussten, bevor sie zugelassen wurden. Außerdem durften die Juristen nicht gleichzeitig als »Advocirens« – als Verteidiger – und als »Procurirens« – als Ankläger – tätig sein. Am 14. April 1780 gab Friedrich bei Großkanzler Johann Heinrich von Carmer die Ausarbeitung eines Gesetzbuches in Auftrag. Dadurch sollte ein klares und eindeutiges Recht geschaffen werden, um die Macht der Juristen zu begrenzen. Das Ergebnis, das Allgemeine Preußische Landrecht, erlebte Friedrich allerdings nicht mehr. Es trat erst am 1. Juni 1794 unter Friedrichs Nachfolger Friedrich Wilhelm II. in Kraft. Gegenstand der über 19 000 Vorschriften des Allgemeinen Preußischen Landrechts waren das allgemeine Zivilrecht, das Familien- und Erbrecht, das Lehnsrecht, das Ständerecht, das Gemeinderecht, das Staatsrecht, das Kirchenrecht, das Polizeirecht, das Strafrecht und das Strafvollzugsrecht.

Eine letzte Neuerung unter Friedrich darf nicht vergessen werden: die Gründung von Banken. Die wirtschaftliche Krise während des Siebenjährigen Krieges bewog den König, am 20. Juli 1765 die staatliche Giro- und Lehnbank zu gründen – eine Institution, die bis dahin unbekannt war und auf große Vorbehalte stieß. Daher verfügte Friedrich, dass die Gerichte ebenso wie wohltätige Stiftungen und öffentliche Anstalten Mündelgelder und Deposita verzinslich bei der Bank anzulegen hatten. Noch im Jahr der Gründung ließ der König den Bancotaler prägen und ein Jahr später die ersten Banknoten drucken. Nach und nach entstanden in weiteren Städten Bankniederlassungen, allen voran im gerade eroberten niederschlesischen Breslau. 1846 wurde die Giro- und Lehnbank zur »Preußischen Bank«, ab 1873 zur »Reichsbank«.

1772 gründete Friedrich die Königliche (Preußische) Seehandlung als Aktiengesellschaft. Fast neunzig Prozent der Aktien hielt der König. Die Seehandlung sollte den preußischen Überseehandel befördern und so für eine weitere Unabhängigkeit Preußens von anderen Ländern sorgen. 1785 war das Unternehmen an der erstmaligen Ausgabe von Effekten der Berliner Börse beteiligt. Später, 1904, erhielt es den Namen »Preußische Staatsbank«.

Ab 1751 führte Friedrich ein Verdingungsverfahren ein, das einer öffentlichen Ausschreibung entsprach. In den folgenden Jahren wurde das Verfahren präzisiert: Es musste ein detaillierter Kostenvoranschlag ausgearbeitet und jeder Bau musste gesondert abgerechnet werden. Es gab schon eine schriftliche Auftragsvergabe, Abnahmen und das Vier-Augen-Prinzip bei der Bezahlung. Die Befugnis, Rechnungen zu bezahlen, war namentlich geregelt. So sollten Verschleuderung, Diebstahl und Betrug eingedämmt werden.

5
Auf Veränderungen reagieren
Friedrich und der Wandel

Die Welt und auch die Menschheit stehen nicht still, vielmehr befinden sie sich in einem stetigen Wandel. Sozialer Wandel, demografischer Wandel, Klimawandel – all diesen Veränderungen muss Rechnung getragen werden. Wer am Ball bleiben will, muss sich den Veränderungen anpassen, muss sich ebenfalls verändern. Change Management ist gefragt. Friedrich dazu:»Bei der Unvollkommenheit aller Dinge sehen wir die besten Einrichtungen entarten. Daher muss von Zeit zu Zeit, wo es nötig ist, die bessernde Hand angelegt werden, damit die Einrichtungen ihren ursprünglichen Zweck wieder erfüllen.«

Dank seiner langen Regierungszeit von gut 45 Jahren erlebte Friedrich viele Veränderungen. Einige davon setzte er selbst in Gang, andere kamen von außen und erforderten entsprechendes Handeln. Friedrich stand einem gewissen Wandel keineswegs negativ gegenüber, aber er musste mit Sinn und Verstand und vor allem mit Ziel und mit Maßen erfolgen. Veränderungen nur um der Veränderungen willen oder damit man »schöpferisch« tätig wird, lehnte er ab. In seiner Schrift »Regierungsformen und Herrscherpflichten« aus dem Jahr 1777 schreibt er: »So lässt das ewige Wechseln und Abändern den Plänen keine Zeit, Wurzeln zu fassen. Hieraus erwachsen Verwirrung, Unordnung und alle Laster einer schlechten Verwaltung. Die Pflichtvergessenen haben eine Entschuldigung stets zur Hand: Sie decken ihre Schande mit dem unaufhörlichen Wechsel und Wandel.« Entscheidungen haben häufig gravierende Änderungen zur Folge, wobei die Fähigkeit und Bereitschaft zur Änderung häufig unterschätzt wird. Das trifft besonders dann zu, wenn eine Änderung des Bewusstseins für die neue Situation erforderlich ist. Topmanager müssen daher im Auge behalten, dass solche Veränderungen gut eingeführt werden, und sich dementsprechend auf eine sehr langsame Umsetzung vorbereiten. Neues anzunehmen ist nicht nur eine Frage des Verstehens, sondern auch der Verinnerlichung.

Dass Pläne Zeit benötigen, um Wurzeln zu fassen, diese Ansicht äußerte auch Gunter Thielen, Chef von Bertelsmann, der sich sicher war, dass sein Unternehmen nach einem Verlust von 100 Millionen Dollar das Geschäftsfeld »Computerspiele« zu schnell aufgegeben hatte. Heute ist dieser Bereich eine Goldgrube für Medienunternehmen.

Change Management beginnt in dem Moment, in dem man die Notwendigkeit einer Veränderung erkennt. Bei Friedrich ergaben sich solche Notwendigkeiten durch den Erwerb neuer Länder und sich ändernde politische und wirtschaftliche Verhältnisse. Die Strukturen der neu eroberten Gebiete beispielsweise mussten vorsichtig an die preußischen Gegebenheiten angepasst werden. Die Betonung liegt hier auf »vorsichtig«. Mit Recht fragt Friedrich in einer Schrift aus dem Jahr 1770: »Kann man denn sein Vaterland nur fördern, wenn man es um und um kehrt und alle bestehende Ordnung über den Haufen wirft? Gibt es nicht mildere Mittel, die man lieber anwenden sollte, um dem Vaterland mit Nutzen zu dienen?« Die Integration des weitgehend katholischen Schlesiens in den protestantischen preußischen Staat gelang vor allem dank der preußischen Toleranz. Friedrich sicherte der Bevölkerung nicht nur freie Religionsausübung zu, sondern genehmigte – quasi zur Untermauerung dieser Toleranz – den Berliner Katholiken gleich 1745 die Errichtung einer repräsentativen Kirche, der St. Hedwigs-Kirche, an prominenter Stelle in seiner Residenz.

Wer von heute auf morgen quasi »von oben herab« alles anders machen will, stößt leicht auf Widerstand. Veränderungen müssen gut geplant, begründet und durchdacht sein. Zu einer solchen sorgfältigen Planung gehört auch, dass man die Konsequenzen in Betracht zieht, sowohl auf kurze als auch auf lange Sicht. Diese Betrachtung der Konsequenzen hat beispielsweise Friedrich von seinem Plan, die Leibeigenschaft abzuschaffen, vorerst abrücken lassen. »Der Ackerbau ist auf die Frondienste der Bauern zugeschnitten. Wollte man diese widerwärtige Einrichtung mit einem Male abschaffen, so würde man die ganze Landwirtschaft über den Haufen werfen. Der Adel müsste dann für einen Teil der Verluste, die er an seinen Einkünften erleidet, Entschädigung erhalten.«

Eine wichtige Komponente eines erfolgreichen Change Managements ist auch die Kommunikation. Die betroffenen Personengruppen müssen rechtzeitig und umfassend informiert werden, warum die Veränderung notwendig ist, welches Ziel damit erreicht und wie sie umgesetzt werden soll. Nur so kann man der Furcht vor unangenehmen Folgen der Veränderung begegnen, so dass die Veränderung dann auch tatsächlich »gelebt« werden kann.

Dem Wandel steht die Kontinuität gegenüber. Zwar ging das Herrscheramt in Preußen über drei Generationen geradlinig von Friedrichs Großvater auf seinen Vater und schließlich auf Friedrich selbst über. Doch jeder dieser Herrscher war anders, jedes Mal musste sich die Bevölkerung umstellen. Friedrich I., der erste Herrscher in Preußen, der sich selbst die Königskrone aufsetzte, liebte den Prunk. Er war ein großer Förderer von Kunst und Kultur und hatte einen Hang zur Verschwendung. Dieser Ansicht war zumindest sein Sohn Friedrich Wilhelm, dem Friedrich I. einen bankrotten Staat mit 20 Millionen Reichstalern Schulden hinterließ. Von daher ist es kaum verwunderlich, dass der neue König, kaum war er auf dem Thron, dem Ganzen Einhalt gebot und jeglichen Prunk und Pomp verbot. Friedrich Wilhelms ganzes Augenmerk galt dem Militär, weswegen er auch als der »Soldatenkönig« in die Geschichte einging. Friedrich der Große wiederum war hingegen gewissermaßen eine Mischung seiner beiden Vorfahren: Prunk und Verschwendungssucht verabscheute er ebenso wie sein Vater, auch das Militär lag ihm am Herzen, doch zugleich hatten Kunst und Wissenschaft für ihn einen sehr hohen Stellenwert. Letztendlich waren alle drei maßgeblich an der Entwicklung beteiligt, die Preußen im 18. Jahrhundert nahm. Eine Generation legte den Grundstock für die nächste. Friedrichs Vater hatte bereits in seinem

Politischen Testament von 1722 der Tradition der Hohenzollern Ausdruck gegeben: »Kurfürst Friedrich Wilhelm hat das rechte Flor und Aufnahme in unser Haus gebracht. Mein Vater hat die königliche Würde gebracht. Ich habe das Land und Armee instand gebracht. An Euch, lieber Successor, ist, was Eure Vorfahren angefangen zu sutenieren und eure Prätensionen und Länder herbeizuschaffen, die unserem Hause von Gott und Rechts wegen gehören.«

Der erste Schritt zur Vereinheitlichung des zerrissenen Staates, der schließlich zu den Big Playern Europas gehören sollte, war der Aufstieg des Herrschers vom Kurfürsten zum König. Doch abgesehen von diesem Prestigegewinn hielten sich die Verdienste Friedrichs I. für Preußens Entwicklung zu einer europäischen Großmacht sehr in Grenzen. Die nächsten wichtigen Schritte tat sein Sohn Friedrich Wilhelm mit der Errichtung eines soliden Finanzwesens und dem Aufbau Preußens als Militärmacht. Unter ihm herrschten im ganzen Land militärische Strukturen, was freilich zu großem Widerstand führte. Doch der König ließ sich davon nicht beirren. Innerhalb von nur fünf Jahren verdoppelte er das stehende Heer seines Vaters von 40 000 auf 80 000 Mann. Um das Land wirtschaftlich auf Vordermann zu bringen, schloss er die Grenzen für den äußeren Handelsverkehr. Weder Geld noch Waren sollten ins Ausland fließen. Der Export von Wolle wurde bei Todesstrafe verboten. Außerdem führte Friedrich Wilhelm die allgemeine Schulpflicht ein und schuf an den Universitäten Halle und Frankfurt an der Oder die ersten Lehrstühle für »Kameralwissenschaften«; dies markierte den Anfang einer universitären Volks-

und Betriebswirtschaftslehre. Mit der Charité als Mittelpunkt wurde Preußen zudem Standort der Medizinentwicklung – auch dies ein Verdienst Friedrich Wilhelms. Schließlich fand sein Sohn Friedrich II. dank einer soliden Staatskasse und eines gut aufgestellten Heeres die besten Voraussetzungen vor, die Entwicklung Preußens von einem kleinen, zerstreuten Staat zur europäischen Großmacht weiterzuführen.

Sowohl Friedrich Wilhelm I. als auch Friedrich II. haben durch ihre »Politischen Testamente« ihrem jeweiligen Nachfolger Richtlinien an die Hand gegeben, wie dieser die Staatsgeschäfte fortführen solle. Dies war der Versuch, eine gewisse Kontinuität zu bewahren und das einmal Begonnene auch zu einem Ende zu führen. Ein solches Bemühen um Kontinuität findet man in den heutigen Unternehmen kaum noch. Selbst in Familienunternehmen des Mittelstandes ist es inzwischen gang und gäbe, dass die Unternehmensführung alle drei bis fünf Jahre wechselt. Die Familie als Unternehmenseigner stellt nur noch in den seltensten Fällen den Firmenvorstand. Und die Verträge für die Geschäftsführer sind immer zeitlich befristet.

Dieser häufige Wechsel in den Führungsetagen wird weitgehend als positiv erachtet. Man erhofft sich »frischen Wind«, neue Motivation und Impulse. »Neue Besen kehren gut«, heißt es so schön im Sprichwort. Aber sie fegen vielleicht auch das eine oder andere Bewährte beiseite und sorgen dafür, dass es in der Tonne landet. In Irland findet das Sprichwort daher noch eine Ergänzung: »Aber die alte Bürste kennt die Ecken.« Das wichtigste Gebot sollte also lauten: sorgsam mit der Vergangenheit umgehen und den »alten Bürsten«, also den erfahrenen Mitarbeitern und Schlüsselpersonen, die Wertschätzung entgegenbringen, die sie verdienen, um ihr wichtiges Know-how zu nutzen und eben nicht alles »um und um zu kehren«, um es in Friedrichs Worten auszudrücken. Nur so kann man unnötige Reibungsverluste vermeiden und verhindern, dass aufgrund kurzfristigen Denkens bereits in Angriff genommene Pläne im Sande verlaufen und sich die dazu getätigten Investitionen als rausgeschmissenes Geld entpuppen.

Dies führt zu dem Begriff der »Nachhaltigkeit«, der immer mehr an Bedeutung gewinnt. Ursprünglich stammt dieser Begriff aus der Forstwirtschaft. 1713 – also bereits zu Friedrichs Lebzeiten – war in einer Veröffentlichung des sächsischen Kameralisten und Oberberghauptmanns Hans Carl von Carlowitz von der »nachhaltigen Nutzung der Wälder« die Rede. Gemeint war, dass nur so viele Bäume geschlagen werden durften, wie im gleichen Gebiet im Jahr nachwachsen können. Der moderne Begriff der Nachhaltigkeit fußt auf drei Säulen: der ökologischen, der ökonomischen und der sozialen. In ökologischer Hinsicht geht es darum, Natur und Umwelt für künftige Generationen zu erhalten. Die ökonomische Nachhaltigkeit zielt auf eine dauerhaft tragfähige Grundlage für Erwerb und Wohlstand. Mit sozialer Nachhaltigkeit schließlich ist gemeint, dass alle Mitglieder einer Gesellschaft an ihr teilhaben können, dass sie zukunftsfähig und lebenswert ist.

Heute sind die Unternehmen ein wenig im Zwiespalt: Auf der einen Seite steht die (oft nur kurzfristige) Gewinnmaximierung, auf der anderen die immer häufiger zitierte »Corporate Social Responsibility« (CSR), mit der die Nachhaltigkeit eng verknüpft ist. Vertragen sich diese beiden Ziele miteinander? CSR ist nicht billig: Sie fordert soziales Engagement und verantwortungsvollen Umgang mit der Umwelt. Das kostet Geld – Geld, das letztlich den Gewinn mindert, jedenfalls auf kurze Sicht. Andererseits ist CSR ein wichtiges Mittel zur Imagesteigerung, freiwilliges Engagement ist äußerst werbewirksam. Dies wiederum führt zu einer Gewinnsteigerung. Und derjenige, der dieses Mittel nicht nutzt, kann leicht Schaden erleiden. Unternehmen, die sich vor ihrer unternehmerischen Verantwortung für Mensch und Umwelt drücken, laufen Gefahr, als unmoralisch wahrgenommen zu werden, was schließlich in einen Boykott des Unternehmens in weiten Teilen der Bevölkerung führen kann. Das lässt sich beispielsweise bei Massenentlassungen (Nokia) und bei schweren Umweltsünden (Shell mit ihrer Ölplattform Brent Spar) immer wieder beobachten. Die Diskussionen um Managergehälter und die Korruptionsaffären, von denen man immer häufiger hört und liest, tun ihr Übriges, um in der Bevölkerung ein großes Maß an Sensibilität für diese Fragen entstehen zu lassen. Unternehmen werden heute nicht nur nach der Qualität ihrer Produkte beurteilt, sondern immer stärker auch danach, ob sie verantwortlich handeln oder nur am schnellen Geld interessiert sind.

Die Herausforderung für die Unternehmen lautet: weg vom »Shareholder«-Gedanken, hin zum »Stakeholder«-Gedanken. Allein die Interessen der Anteilseigner zu berücksichtigen reicht nicht mehr aus. Die Mitarbeiter, die Geschäftspartner – sowohl Kunden als auch Lieferanten –, die Kapitalmärkte, der Staat, die Natur und die Öffentlichkeit müssen ebenfalls beachtet und bedient werden. Diese umfassende Interessenberücksichtigung findet in der Corporate Social Responsibility ihren Niederschlag. Die Bundesvereinigung der Deutschen Arbeitgeberverbände (BDA) und der Bundesverband der Deutschen Industrie (BDI) haben sich das Thema auch bereits auf ihre Fahnen geschrieben und im Internet unter www.csrgermany.de eine Plattform geschaffen, »um das umfassende gesellschaftliche Engagement der Unternehmen darzustellen, ein Netzwerk der CSR-Akteure zu schaffen und den Erfahrungsaustausch zu fördern«. Hier werden CSR-Aktivitäten von Firmen aus den verschiedensten Branchen und Größenordnungen dargestellt: Banken und Versicherungen, Bauindustrie, chemische und pharmazeutische Industrie, Dienstleistungsunternehmen, Druck und Medien, Ernährungsindustrie, Energie- und Versorgungswirtschaft, Gastgewerbe, Groß- und Einzelhandel, Handwerk, Holz und Kunststoff verarbeitende Industrie, Informationswirtschaft und Telekommunikation, Metall- und Elektroindustrie, Mittelstand, Tabakindustrie, Textil- und Modeindustrie, Transport und Logistik sowie Verpackungsindustrie.

Als positive Beispiele finden sich hier die Daimler Chrysler Bank, die sich in Äthiopien durch die Patenschaft für ein Ausbildungszentrum sozial und für das Theaterhaus Stuttgart kulturell engagiert, oder Firmen wie E.ON und oder auch HeidelbergCement, die sich den verantwortungsvollen Umgang mit den Energieressourcen auf die Fahnen geschrieben haben. Andere Unternehmen engagieren sich in der Schaffung von Ausbildungsplätzen (beispielsweise die RAG Deutsche Steinkohle) oder der Förderung von Bildung in Entwicklungsländern (etwa die BASF). Beispiele mittelständischer Unternehmen sind etwa die betapharm Arzneimittel GmbH, die sich durch Sponsoring des »Bunten Kreises«, eines Nachsorgevereins für Familien mit schwer kranken Kindern, sozial engagiert, oder das Fuldaer Trainings- und Beratungsunternehmen Neuland & Partner mit seiner Aktion »Azubi der Zukunft«. Seit 2004 erhalten im Rahmen dieses Projekt jährlich 24 Azubis die Chance, ihre beruflichen Qualifikationen weiterzuentwickeln. Dabei werden insbesondere die Soft Skills trainiert.

Man könnte meinen, schon zu Friedrichs Zeiten sei die Corporate Social Responsibility aktuell gewesen. Wo es um den Erhalt unwiederbringlicher Natur- und Kulturschätze ging, legte der Preußenkönig eine geradezu »grüne« Gesinnung an den Tag. So stoppte er im brandenburgischen Neuruppin den bereits in den 1720er-Jahren begonnenen Frevel, die Stadtbefestigung abzutragen. 1732 rettete er die zwischen dem Rheinsbergischen und dem Berliner Tor gelegenen Wälle und mit ihnen zahlreiche alte Rüstern, Eichen und Buchen. Er ließ weitere Baumsorten neu pflanzen und schließlich – quasi als Krönung – am Berliner Tor noch einen schönen Garten anlegen.

Und auch über die von ihm selbst verursachten Zerstörungen war er unglücklich. Im März 1760 schrieb er an seinen Freund Graf Algarotti: »Hat der ewige Jude jemals gelebt, dann hat er kein so unstetes Leben geführt wie ich. Schließlich sinkt man auf das Niveau herumziehender Komödianten, die weder Haus noch Herd haben. Wir irren durch die Welt und führen da unsere blutigen Tragödien auf, wo unsere Feinde gerade die Bühne aufschlagen. Klägliche Narren, die wir sind! Nur einen Augenblick haben wir zu leben, und den machen wir uns so schwer wie möglich! Da zerstören wir die Meisterwerke des Gewerbefleißes und der Zeit und hinterlassen ein Andenken, das durch die von uns angerichteten Verwüstungen und alle daraus folgenden Leiden uns zum Fluche wird!«

So war Friedrich nach den verheerenden Auswirkungen des Siebenjährigen Krieges um Wiedergutmachung bemüht und nahm rasch den Wiederaufbau in Angriff. Er besuchte die betroffenen Regionen teils persönlich, teils ließ er sie bereisen, um sich ein Bild zu machen und die Bevölkerung zu unterstützen. Der Geheime Finanzrat im Generaldirektorium Franz Balthasar Schönberg von Brenckenhoff erhielt den Auftrag, Friedrich eine genaue Bestandsaufnahme der Schäden und Verwüstungen zu liefern und Vorschläge zu unterbreiten, wie man der Bevölkerung helfen könne. Dabei legte Friedrich ein besonderes Augenmerk auf die Bauern, die er als eine der wichtigsten Kräfte im Land erachtete. Die »Erbuntertänigkeit«, wie die in Preußen verbreitete Form der Leibeigenschaft genannt wurde, abzuschaffen stand zwar wie bereits erwähnt nicht ernsthaft zur Debatte, da dies nach Friedrichs Einschätzung zu einer Entschädigungspflicht für die adligen Gutsbesitzer und zu einem empfindlichen Rückgang in der landwirtschaftlichen Produktion geführt hätte. Doch sollten die Wiederaufbauarbeiten einen gewissen Neuanfang in Richtung einer Sozialreform bilden. So wurde es beispielsweise den Pächtern untersagt, die Bauern mit dem Stock zu schlagen, was bis dahin durchaus übliche Praxis war. Um die Lebensbedingungen zu verbessern, ordnete Friedrich an, den Menschen das Holz für den Wiederaufbau der Dörfer aus den königlichen Forsten kostenlos zur Verfügung zu stellen. Außerdem verzichtete er auf alle bis zum Jahresende noch ausstehenden Pachtgelder und gewährte den Bauern erhebliche Steuernachlässe. Den besonders stark betroffenen Regionen wurde zudem die Grundsteuer erlassen. Er ließ Getreide und Saatgut beschaffen und kostenlos verteilen. Außerdem durften beispielsweise im Oderbruch Kolonisten als freie Erbzinsbauern siedeln, was eine absolute Neuheit und zukunftsweisende Reform bedeutete. Schließlich verpflichtete er die Grundbesitzer unter empfindlicher Strafandrohung dazu, alle brachliegenden Höfe innerhalb eines Jahres wieder zu besetzen, und ordnete die weitere Trockenlegung und Nutzbarmachung der vorhandenen Bruchlandschaften an.

6
Leitbilder schaffen
Friedrichs »Unternehmenskultur«

Sieht man sich die Selbstdarstellungen heutiger Unternehmen an – seien es nun Internetauftritte, Imagebroschüren oder Stellenanzeigen –, so springt einem meist ziemlich bald die Überschrift »Unser Leitbild« entgegen. Über das Leitbild und die damit verbundene Corporate Identity grenzt sich das Unternehmen gegen seine Wettbewerber ab. Alle Mitarbeiter haben sich diesem Leitbild zu verschreiben und danach zu handeln. Doch ein solches Unternehmensleitbild ist nur dann glaubwürdig, wenn es von jedem verinnerlicht und gelebt wird – zuallererst von der Unternehmensführung.

Um Leitbilder zu schaffen, braucht man Visionen und Werte. Man muss sich über die Ziele des Unternehmens klar sein und zudem deutlich vor Augen haben, wie das Unternehmen diese Ziele erreichen kann.

Die Vision Friedrichs bestand in einem zusammenhängenden Königreich Preußen, das eine stabile und wichtige Rolle in Europa spielt. Preußen sollte als Militärmacht anerkannt sein, die ihr Recht und ihr Land zu verteidigen wusste. Dabei legte er großen Wert darauf, dass er und alle Mitglieder des Königshauses mit gutem Beispiel vorangingen. So reagierte er beispielsweise entsetzt, als sein Bruder August Wilhelm, nach ihm der nächste in der Erbfolge, um seinen Abschied bat, nachdem ihm Friedrich einen bösen Rüffel erteilt und das Kommando über seine Regimenter genommen hatte. Daher folgte dem ersten Tadel gleich ein zweiter: »Was, Du willst fliehen, während wir kämpfen, um Dich und Deine Familie dem Staat zu erhalten? Du willst den Feiglingen im Heer ein Beispiel geben, damit sie sagen können: Wir verlangen nur das, was man dem Prinzen von Preußen gewährt hat? Schäme Dich bis in den Grund Deiner Seele über das Ansinnen, das Du mir stellst.« Ihrer Vorbildfunktion gerecht zu werden, das verlangte Friedrich auch von seinen Beamten und Offizieren. Dies bewog ihn auch, in den Schlachten immer in vorderster Reihe mitzukämpfen und wie jeder andere Soldat auch im Freien zu nächtigen. Jegliche Sonderbehandlung lehnte er strikt ab.

Anita Roddick, Gründerin des Unternehmens »The Body Shop«, sagte einmal: »Wirkliche Unternehmerpersönlichkeiten sind ebenso sehr Macher wie Träumer: Sie suchen nach dem besten Weg, wie sie eine Idee vorantreiben können, und setzen Geld ein, um die Räder zu schmieren.« Jedes Leitbild aber muss für den Kunden glaubwürdig sein. Eine der großen Maximen und Aushängeschild von The Body Shop war die Produktion von Kosmetika ohne Tierversuche und mit ökologischen Produkten und fairen Produktionsbedingungen für die Rohstofflieferanten. Dieses Leitbild leichtfertig aufs Spiel zu setzen ist gefährlich. Doch genau dies ist mit der Übernahme von The Body Shop durch Schwarzkopf passiert. Es sind sicher nicht wenige Kunden, die nun Zweifel am ursprünglichen Leitbild des Unternehmens haben.

Eine ähnliche Entwicklung kann man bei der Basic AG beobachten. Erklärtes Ziel des Unternehmens ist es, Lebensmittel aus ökologischem Anbau für einen breiten Kundenkreis zugänglich zu machen. Um dieses Ziel zu verwirklichen, eröffnete das Unternehmen gut sortierte Bio-Supermärkte, in denen der Kunde ein Vollsortiment wie in einem gängigen Supermarkt erhalten kann. Doch im vergangenen Jahr ergriff die Führungsetage plötzlich der Machthunger – die Basic AG sollte schneller wachsen, und dazu benötigte man Kapital. Was lag hier näher, als einen großen Lebensmittelkonzern wie die Schwarz-Gruppe mit ins Boot zu holen, die das nötige »Kleingeld« bereitstellen könnte?

Doch den Kunden war bald klar: Wenn Basic plötzlich mit einem Konzern liiert wäre, zu dem auch Lidl gehört, dann wollten sie das nicht unterstützen. Der Boykott schlug so massiv ein, dass Basic zurückrudern musste – denn das Leitbild, dem sich das Unternehmen einmal verschrieben hatte, wurde durch die Assoziation mit einem Discounter wie Lidl mehr als infrage gestellt: Unrühmliche Mitarbeiterführung, ein schlechtes Betriebsklima und Bespitzelung sind nur einige Aspekte, die in letzter Zeit in Verbindung mit Lidl Schlagzeilen machten. Doch geschadet hatte dieses Zwischenspiel dem Unternehmen bereits. Zwei Leitbilder können kaum so gegensätzlich sein wie das der Basic AG und das von Lidl. So wundert es nicht, dass angesichts dieser Entwicklung auch die Basic-Gründer Richard Müller und Georg Schweisfurth dem Unternehmen den Rücken kehrten. Zudem verlor Basic im Zuge des kurzen Intermezzos Lieferanten und Personal: Kein Unternehmen kann erwarten, dass ihm Mitarbeiter, die sich mit der Firmenphilosophie identifizieren, bei einem solchen Vorgehen noch erhalten bleiben. Die Devise muss also lauten: Wenn ein positives Unternehmensleitbild entwickelt wurde, muss es glaubwürdig in die Praxis umgesetzt und auch beibehalten werden.

Als »erstem Diener des Staates« war es Friedrich wichtig, dass sich die Menschen in seinem Land wohl fühlten. Preußen sollte ein Staat sein, in dem die Menschen geachtet wurden und in dem Gerechtigkeit herrschte. Dieses »positive Betriebsklima« war ein weiteres Leitbild, das er sich und seinen Beamten auf die Fahnen schrieb.

Trotz aller Kriegführung – physische Grausamkeit war ihm ein Gräuel. So schaffte er nicht nur die Folter ab, sondern setzte sich auch sonst dafür ein, dass seine Untertanen weder finanziell gegängelt noch körperlich malträtiert wurden. Eine Ausnahme war das Spießrutenlaufen beim Militär, das als die Ultima Ratio angesehen wurde, um die Söldner am Desertieren zu hindern.

Als einem Pächter die Wiesenpacht ungerechtfertigt erhöht wurde, ließ er alle Kammern wissen, dass er solche »garstigen Schikanen« hasse und jeden Kammerrat, der sich so verhalte, dafür zur Verantwortung ziehen werde. Auf einer Beschwerde verschiedener Bauern, die sich über die Brutalität der Beamten beklagten, notierte er: »Das Direktorium muss scharf darauf halten, dass die Beamten die Leute nicht plagen und dass durch Anschläge von den Kammern den Untertanen nicht das Leben so sauer und knapp gemacht werde, dass sie nicht dabei bestehen können.« Und auch seine Feinde ließ er lieber laufen, als dass er ihnen körperlich zusetzen ließ.

Als einmal zwei Verrätern noch vor der Urteilsverkündung die Flucht gelang – sie sollten gevierteilt werden –, war Friedrich darüber nicht unglücklich. Erleichtert unterschrieb er die Verfügung, dass das Urteil an den Bildnissen der Übeltäter vollstreckt werden solle. Dies sei trotzdem gerecht, »denn die Porträts werden vermutlich ebenso wenig taugen wie die Originale selbst!«

Ein weiteres Beispiel für heutige Leitbilder von Unternehmen sind die fünf Leitbegriffe, die Siemens sich seit mehreren Jahren auf die Fahnen geschrieben hat: Wert (»Wir setzen auf ein profitables Wachstum und nachhaltige Wertsteigerung. Damit bieten wir unseren Aktionären eine attraktive Anlage«), Kunden (»Der Erfolg unserer Kunden ist auch unser Erfolg. Wir stellen unseren Kunden unsere ganze Kompetenz und unsere besten Lösungen zur Verfügung. So tragen wir dazu bei, dass sie ihre Ziele schnell und umfassend erreichen«), Innovation (»Innovationen sind unser Lebenselixier, rund um den Erdball und rund um die Uhr. Aus Ideen und Erfindungen entwickeln wir erfolgreiche Technologien und Produkte. Kreativität und Erfahrung sichern uns eine Spitzenstellung«), Mitarbeiter (»Die Mitarbeiter und Mitarbeiterinnen sind die Quelle unseres Erfolges … Unsere Unternehmenskultur ist geprägt von einer Vielfalt der Menschen und Kulturen, von offenem Dialog, gegenseitigem Respekt, klaren Zielen und entschlossener Führung«) und Verantwortung (»Unsere Ideen, Technologien und unser Handeln dienen den Menschen, der Gesellschaft und der Umwelt. Integrität bestimmt den Umgang mit unseren Mitarbeitern, Geschäftspartnern und Aktionären«). Entscheidend ist bei Siemens die Zielsetzung, den Wert zu steigern. Alle anderen Grundsätze unterstützen dieses Ziel. Die Erfolgsbilanz des Unternehmens zeigt: Es funktioniert. Das liegt auch daran, dass dessen Leitbild relativ einfach zu verstehen ist. Manche Konzerne dieser Größe haben hingegen sehr anspruchsvolle und komplexe Leitbilder, deren Umsetzung oft schon an Verständnisschwierigkeiten scheitert.

Mit der Formulierung eines Leitbildes allein ist es noch lange nicht getan. Vielmehr kommt es darauf an, dass alle Mitglieder des Unternehmens dieses Leitbild auch leben. Wie im Detail festgelegte Verhaltensregeln systematisch unterlaufen werden, zeigen die Bestechungsfälle bei der Siemens AG. Es wurde sehr gezielt Korruption betrieben, obwohl alle Manager eine Verpflichtung unterschrieben hatten, sich genau so nicht zu verhalten. Um mit Peter Drucker zu sprechen: »Es ist sinnlos, sich mit der Feststellung zu plagen, dass Führungskräfte nicht lügen sollen, wenn ohnehin klar ist, dass niemand so handeln soll.« Entsprechend groß ist der Ansehensverlust für das Siemens-Management, und auch das Leitbild des Unternehmens hat schwer gelitten. Eine der wichtigsten Aufgaben der neuen Führung unter Gerhard Cromme und Peter Löscher ist es, dieses nachhaltig wiederzubeleben. Dazu dienen die neuen »Business Conduct Guidelines«, die das Leitbild um detaillierte Ausführungsbestimmungen ergänzen.

BMW wiederum macht es anders als die meisten anderen Unternehmen. Bei den bayerischen Autobauern werden nicht die selbstverständlichen unternehmerischen Ziele der Umsatz- oder Ertragsorientierung in den Vordergrund gestellt, sondern die Bedingungen, unter denen diese erreicht werden sollen. Von zentraler Bedeutung ist dabei der Begriff »Nachhaltigkeit«: »Bei der BMW Group ist nachhaltiges Wirtschaften schon seit Jahren ein bewährtes Erfolgsrezept der Unternehmensphilosophie. Verbindung von Umweltschutz und Technologie oder Konzepte intelligenter Verkehrslösungen sind hierbei ebenso charakteristisch für die BMW Group wie fortschrittliche Arbeitszeitmodelle, umfangreiche Sozialleistungen, intensive Förderung von Wissenschaft, Kultur und Nachwuchs sowie kritischer und offener Dialog mit internationalen Partnern aus Politik und Gesellschaft. Die drei Zielfelder für die Umsetzung von Nachhaltigkeit in der BMW Group sind Ressourceneffizienz, Risikominimierung und Reputation. Jeder Mitarbeiter im Unternehmen ist dafür verantwortlich, diese Ziele als Verpflichtung in seinem Einflussbereich aktiv umzusetzen.« Die Handlungsmaximen für die Mitarbeiter wurden bereits 1985 von dem damaligen Vorstandsvorsitzenden Eberhard von Kuenheim festgelegt. Sie sind bis heute die Basis des Mitarbeiter- und Führungsleitbilds.

Klarer und verständlicher als bei Großunternehmen sind die Leitbilder des für die deutsche Wirtschaft so wichtigen Mittelstands. Die Firma Schattdecor, Weltmarktführer für Dekordrucke mit einem Umsatz von 420 Millionen Euro und 1300 Mitarbeitern aus dem bayerischen Thansau, äußert sich auf ihrer Internetseite zu ihrem Leitbild so: »Schattdecor hat eine Unternehmenskultur, die in den Jahren des Aufbaus entstand und sich seither fortentwickelt. Durch das internationale Wachstum ist das Unternehmen in ständiger Bewegung und steht immer wieder vor neuen Herausforderungen. Das

Bewusstsein, dass die Zukunftssicherung des Unternehmens nur durch langfristige Zufriedenheit von Kunden, Lieferanten und Mitarbeitern zu erreichen ist, prägt die sichtbar gelebte Firmenphilosophie.« Der Erfolg des Unternehmens basiert auf einer Unternehmenskultur, die durch den Unternehmer Walter Schatt geprägt wird. Durch sein Grundvertrauen in die Menschen hat er ein Arbeitsklima geschaffen, in dem der Arbeitsraum Lebensraum ist. Durch den persönlichen Kontakt zwischen Unternehmer und Mitarbeitern gibt es eine hohe Leistungsbereitschaft und eine geringe Fluktuation. Walter Schatt besucht ausländische Mitarbeiter im Krankenhaus oder stellt in Moskau eine Studentin für den Empfang ein, die ihm durch ihre Leistungsbereitschaft beim Putzen aufgefallen war.

Bei Schattdecor ist das Leitbild kurz und prägnant in einem kleinen Heft beschrieben und steht jedem Mitarbeiter in der jeweiligen Landessprache zur Verfügung. Zu den unternehmerischen Zielen gehören nicht nur ein guter Ertrag, sondern auch »das Anrecht auf einen angemessenen Lohn«. Auch die Grundsätze zur Zusammenarbeit spielen eine wichtige Rolle im Leitbild von Schattdecor. Dort heißt es: »Wir machen keine Unterschiede zwischen Mitarbeitern, Kollegen, Kunden und Lieferanten. Jede Beziehung ist uns gleich wichtig. Qualität und Service sind keine Floskeln, sondern entstehen durch intensive Zusammenarbeit. Im Falle von Konflikten streben wir nach fairen Lösungen. Wir profilieren uns durch Kollegialität und nicht auf Kosten anderer. Wir sehen uns bewusst als Teil der Öffentlichkeit. Unser Ansehen ist uns wichtig.«

Organisation und Führung sind ein besonders wichtiges Kriterium für dauerhaften Erfolg und motivierte Mitarbeiter, deshalb ist bei Schattdecor Individualität ausdrücklich erwünscht, Organisation wird auf das Mindestmaß beschränkt. Das schafft großen Freiraum für das Denken und Handeln: »Unser Denken ist ganzheitlich und nicht auf Abteilungsgrenzen festgelegt. (…) Es ist unser Auftrag, die Kollegen im Ausland für unsere Grundüberzeugungen zu begeistern, ohne ihnen die kulturelle Identität und das Selbstbewusstsein zu nehmen. Niemand ist Vorgesetzter durch seine Position. (…) Unsere Führungskräfte sehen ihre Mitarbeiter nicht nur als Arbeitskräfte, sondern als Mitmenschen, deren Humanvermögen sie sinnvoll einsetzen und verpflichtend entwickeln. Menschen zu führen bedeutet bei uns, Menschen zu überzeugen und ihnen Vertrauen zu schenken, damit sie alle ihre Kräfte zur Lösung einer Aufgabe einbringen.«

Schauen wir uns einen weiteren Mittelständler an: Das Familienunternehmen WITTENSTEIN AG war bis 1979 eine Handschuh-Nähmaschinenfirma, deren Produkte durch den Rückgang der Benutzung von Damenhandschuhen nicht mehr gefragt waren. Heute stellt das Unternehmen mit über 1300 Mitarbeitern intelligente, mechatronische Antriebssysteme her. Diese kommen bei Robotern und Verpackungsmaschinen, aber auch beispielsweise in der Medizintechnik oder beim Airbus A380 zum Einsatz. Ohne diese Kraft zum Wandel hätte WITTENSTEIN nicht überlebt. Veränderung als Herausforderung zu begreifen, immer neue Nischen zu finden, ist eine der Zielsetzungen der Unternehmensstrategie und gleichzeitig das Erfolgsrezept. Wo in vielen anderen Firmen zwanghaft am Altbewährten festgehalten und damit der Anschluss an die Märkte von morgen verpasst wird, begegnet der Mittelständler »dem Wandel mit Zuversicht«, wie es im von allen Mitarbeitern gemeinsam erarbeiteten Unternehmensleitbild heißt: »Wir lassen uns jeden Tag aufs Neue von unserem Erfindergeist inspirieren und streben nach stetiger Innovation: Wir denken an Lösungen, die noch nicht existieren, und schlagen neue Wege ein, damit die Vision von heute zur Realität von morgen wird.« Kein Wunder, dass das Unternehmen in zahlreichen Benchmark-Wettbewerben ausgezeichnet wurde.

»Eins sein mit der Zukunft«, heißt der Claim, den sich der »Arbeitsgeber des Jahres« 2003 auf die Fahnen geschrieben hat. Sein Vorstandsvorsitzender, Manfred Wittenstein, ist ein Unternehmer mit ganzheitlicher Denkweise. Er ist heute Präsident des VDMA (Verband Deutscher Maschinen- und Anlagenbau) und vertritt entschieden die Ansicht, dass es wichtig ist, im eigenen Land zu produzieren, da man sonst keine Chance hat, die Abläufe zu optimieren. Dazu gehört auch eine »Feedback-Kultur, bei der sich alle Mitarbeiter für die Qualität verantwortlich fühlen«, wo aber auch Fehler auf Seiten der Führungskräfte und der Mitarbeiter erlaubt sind. Zu dem vertrauensvollen Miteinander gehört, dass Führungskräfte ihre Mitarbeiter in Entscheidungen einbinden und für jeden einzelnen Mitarbeiter einen klaren Kompetenzrahmen sichern. Führungskräfte bei WITTENSTEIN sind deshalb auch »Coaches ihrer Mitarbeiter«: Sie unterstützen deren Eigenverantwortung, fördern Querdenken und Kreativität und verstehen sich selbst als Vorbilder.

Auch Friedrichs Preußen war zumindest zu Anfang ein Unternehmen des Mittelstands. Das Leitbild war einfach und unmissverständlich: Alle Kraft für die Vergrößerung und die Erhaltung des Landes einzusetzen. Friedrich war – wie auch die beschriebenen Chefs der beiden Mittelstandsfirmen – die Personifizierung des Leitbildes. So konnte er auch glaubhaft ein vorgegebenes Verhalten von seinen Mitarbeitern einfordern. Wie man am Beispiel von Ex-BMW-Chef von Kuenheim gut zeigen kann, ist es zwingend erforderlich, dass der Chef das Leitbild vorgibt und damit dessen Bedeutung hervorhebt. Wenn aber diese grundsätzlichen Verhaltensnormen nur eine von vielen Richtlinien sind, werden sie wenig Beachtung finden.

Das Mitarbeiter- und Führungsleitbild Friedrichs entsprach den sogenannten »preußischen Tugenden«, die bis heute nichts von ihrer Gültigkeit verloren haben: Aufrichtigkeit, Bescheidenheit, Fleiß, Gehorsam, Geradlinigkeit, Gerechtigkeitssinn, (tolerante) Gottesfurcht, Härte, Mut, Ordnungssinn, Pflichtbewusstsein, Pünktlichkeit, Redlichkeit, Selbstverleugnung, Sparsamkeit, Tapferkeit, Treue, Unbestechlichkeit, Unterordnung, Zurückhaltung und Zuverlässigkeit. Sie waren für Preußen auch deshalb extrem wichtig, weil man verschiedene Nationalitäten und Religionen unter einen Hut bringen musste. Das Gleiche gilt für die Unternehmen von heute.

Das Leitbild Friedrichs war während seiner gesamten Regierungszeit gültig. Der Grund war nicht nur die Beständigkeit des Topmanagements, sondern auch eine sehr kontinuierliche Entwicklung des Landes. Das unterscheidet das »Unternehmen Preußen« von vielen heutigen Unternehmen, bei denen der häufige Wechsel von Topmanagern, die Ausgliederung bzw. der Verkauf von Betriebsteilen oder auch wiederholte Umorganisationen das Leitbild in Vergessenheit geraten lassen. Ebenso gab es im Gegensatz zu heute keine detaillierten Ausführungsbestimmungen, stattdessen stand die Verantwortung des Einzelnen im Vordergrund.

Ein Prinzip, das Friedrichs Mitarbeiter, also seine Offiziere und Beamten, verinnerlichen mussten, war das der Leistung. Wollte jemand beispielsweise für seine Dienste mehr Geld haben, so musste er erst seine Leistung unter Beweis stellen. Als Friedrich ein Gesuch überreicht wurde, das Gehalt des kurmärkischen Kammerdirektors von 1 200 auf 1 300 Taler zu erhöhen, antwortete er: »1 200 Taler sind genug für einen Direktor. Sie müssen erst was Rechtes machen. Was hat der Schurke bis dato getan? Nichts! Dafür kriegt er keine Zulage.« Sollte aber das Gehalt der unteren Beamten gesenkt werden – ein Vorschlag des Geheimrats von Taubenheim –, war er ebenso unnachgiebig, da er niemanden seiner Lebensgrundlage beraubt wissen wollte: »Ich danke dem Geheimen Rat von Taubenheim für seine guten Gesinnungen und ökonomischen Rat. Ich finde aber solchen umso weniger angemessen, da die armen Leute jener Klasse ohnehin schon so kümmerlich leben müssen, da die Lebensmittel und alles jetzt so teuer ist, und sie eher ein Verbesserung als Abzug haben müssen. Indessen will ich doch seinen Plan und die darin liegende gute Gesinnung annehmen und seinen Vorschlag an ihm selbst zur Ausführung bringen und ihm jährlich 1 000 Taler mit dem Vorbehalte von seinem Gehalt abziehen, dass er sich übers Jahr wieder melden und mir berichten kann, ob dieser Etat seinen eignen häuslichen Einrichtungen vorteilhaft oder schädlich sei.« So sorgte er stets dafür, dass es keinem zu gut, aber auch keinem zu schlecht ging. Managementgehälter in Millionenhöhe oder hohe Abfindungen wären unter Friedrich wohl kaum durchzusetzen gewesen, ein Mindestlohn hingegen wohl.

Feste Pensionspläne gab es bei Friedrich übrigens nicht. Hatte sich ein Offizier verdient gemacht, so erhielt er oder seine Witwe ein gutes Auskommen. Bat er aber ohne großartige Verdienste um seinen Abschied, so mussten er und seine Familie sehen, wo sie blieben.

Mit seinen Konkurrenten, den anderen Staaten, ging Friedrich freilich nicht zimperlich um. Hier setzte er sich massiv über seine eigenen ethischen Prinzipien hinweg, scheute sich nicht vor Vertragsbruch und missachtete sämtliche geltenden Regeln. Wer Preußen als Bündnispartner hatte, musste sich in Acht nehmen. Auf diesen Bündnispartner war kein Verlass. Kaum sah man sich um, hatte sich das Land mit dem Feind verbündet, weil das strategisch günstiger war – so geschehen am Ende des ersten Krieges um Schlesien, als sich Friedrich aus dem Bündnis mit Frankreich löste und sich mit dem bisherigen Gegner Österreich arrangierte. Das war allerdings bei den anderen Staaten auch nicht anders.

Was Preußen letztlich auszeichnete, waren seine Toleranz – die Voraussetzung für das Funktionieren dieses multikulturellen Staates war – und seine sprichwörtlich gewordenen Tugenden, die nur im Umgang mit anderen Staaten ihre Gültigkeit verlieren konnten. Von seinen 500 Beamten verlangte Friedrich Wachsamkeit, Arbeitseifer, Wahrung des Amtsgeheimnisses und absolute Unbestechlichkeit. Dies war auch zu dieser Zeit keine Selbstverständlichkeit. Vor allem erwartete der Preußenkönig, dass Dienstgeschäfte schleunigst erledigt wurden. Im Sommer sollten die Beamten ab acht Uhr, im Winter ab neun Uhr im Amt sein und nicht eher nach Hause gehen, bis die Angelegenheiten erledigt waren. Beim Militär galt als Leitbild, Befehle bedingungslos auszuführen. Die Disziplin war gnadenlos, deshalb war die Bereitschaft zu desertieren sehr groß.

Eine der preußischen Tugenden sticht bei Friedrich besonders hervor: der Gerechtigkeitssinn. Wenn er sah, dass die Gerichte in einem Prozess zwischen einem Adligen und einem Bauern zugunsten des Adligen entschieden, kümmerte er sich häufig persönlich um den Fall. Denn die Vermutung lag nahe, dass hier nicht Recht gesprochen wurde, sondern lediglich die Interessen des Höherstehenden durchgesetzt wurden. Das berühmteste Beispiel dafür ist der Müller-Arnold-Prozess, in den Friedrich eingriff und letztendlich sogar die Richter absetzte und verurteilen ließ. Doch davon an anderer Stelle mehr.

Welchen Stellenwert haben die preußischen Tugenden in unserer heutigen Gesellschaft und in den Unternehmen? Die vielen Korruptionsaffären lassen kaum auf Aufrichtigkeit, Bescheidenheit, Redlichkeit und schon gar nicht auf Unbestechlichkeit schließen. Fleiß möchte man den meisten Arbeitnehmern nicht absprechen, wenn auch das Bild des faulen Beamten noch nicht aus der Welt ist. Doch haben heute längst nicht mehr alle Menschen die Chance, ihren Fleiß in Form von Arbeit zu beweisen. Das Leistungsprinzip funktioniert in Anbetracht mangelnder Arbeitsplätze nicht mehr. Selbst Menschen, die etwas leisten wollen, erhalten häufig keine Gelegenheit, dies zu tun, und müssen vom Arbeitslosengeld bzw. von der Grundsicherung leben. Auf der anderen Seite gibt es dann diejenigen, die gar nicht einsehen, dass sie arbeiten sollen, wenn sie dabei nicht oder kaum mehr verdienen als diese Grundsicherung. Schaut man ans andere Ende der Gesellschaft, so trifft man auf Personen, die ein Vielfaches von dem verdienen, was ein Mensch letztlich zum Leben braucht. Sicher sind diese Personen fleißig und müssen für ihren Job viele Entbehrungen hinnehmen. Dennoch vermisst man hier Bescheidenheit und trifft stattdessen auf Menschen, die sich gerne in den Vordergrund stellen und sich sonnen in der Aufmerksamkeit, die ihnen zuteil wird. Auch werden die hohen Gehälter der Topmanager nicht als gerecht empfunden. Begründet werden sie häufig mit der großen Verantwortung, die diese tragen. Doch wird diese Verantwortung in dem Moment ad absurdum geführt, in dem sie aufgrund von Fehlentscheidungen nicht etwa für den Schaden haftbar gemacht werden, sondern nur ihr Rücktritt gefordert wird und sie für diesen Rücktritt dann auch noch Millionenabfindungen erhalten.

Die Medien verbreiten sich immer wieder mit Empörung über die maßlosen Einkünfte von Topmanagern. Diese Fälle sind jedoch nicht typisch, sondern spiegeln nur Moralvorstellungen einiger weniger in den Vorständen und Aufsichtsräten wieder. Ein guter Topmanager hingegen sollte mit gutem Beispiel vorangehen und sich mäßigen. Diejenigen wiederum, die sich in der Öffentlichkeit aufregen, sollten stets auch ihr eigenes Handeln kritisch sehen. Denn jeder, der für sich Vorteile in Anspruch nimmt, tut das in der Regel auf Kosten anderer. Jeder Schnäppchenjäger, der den Laden an der Ecke verkommen lässt, weil der Discounter billiger ist, kann, wenn er ein bisschen nachdenkt, begreifen, dass er Arbeitsplätze vernichtet.

Einer Herausforderung, mit der auch die heutige Gesellschaft zu kämpfen hat, sah sich schon das damalige Preußen gegenüber: die Integration von Menschen verschiedenster Herkunft und Religion. Preußen war ein Musterbeispiel eines multikulturellen Staates. Schon bald nach dem Dreißigjährigen Krieg gab es die ersten Einwanderungsedikte, um Kolonisten und Handwerker ins Land zu holen. Dieser Einladung leisteten vor allem die vertriebenen französischen Protestanten, die Hugenotten, Folge. Diese Menschen waren aufgrund ihrer Bildung und ihres Vermögens eine große Bereicherung für Preußen. Sie brachten ihr Know-how, aber auch ihre Sitten und Gebräuche ins Land. Es entstanden neue Berufs- und Wirtschaftszweige. Unter den über 40 neuen Berufen fanden sich Hutmacher, Seidenweber, Buchbinder, Maler, Weißgerber, Seifenhersteller, Tapezierer, Pastetenbäcker und viele mehr. Nach der Krönung Friedrichs I. kam es zu einer weiteren Einwanderungswelle. Es kamen preußisch-litauische Bauern, französischsprachige Schweizer, Nassauer, Pfälzer, Süddeutsche, Magdeburger und Halberstädter ins Land und 1732 schließlich die Salzburger Protestanten, die sich nicht dem katholischen Glauben unterwerfen wollten. Doch verlief die Integration der neuen Bevölkerungsgruppen durchaus nicht reibungslos.

Die einheimische Bevölkerung stand den Sitten und Gebräuchen der Neulinge skeptisch gegenüber und hatte außerdem große Sorge wegen der neuen Konkurrenz in Handel und Gewerbe. Hinzu kamen die Sprachschwierigkeiten. Doch letztendlich gelang die Eingliederung, wenn auch viel Zeit und Geduld vonnöten war, bis die Menschen lernten, einander zu tolerieren. Zu den bekanntesten Einwanderern bzw. deren Nachfahren gehören die Schriftsteller Willibald Alexis und Theodor Fontane, der Erfinder des Rübenzuckers Franz Carl Achard, die Baumeister David und Friedrich Gilly, der Zeichner und Radierer Daniel Chodowiecki sowie die Mathematiker Leonhard Euler und Jakob Bernoulli, die sich als Schweizer Reformierte der Französischen Gemeinde in Berlin anschlossen. Die Einzigen, die es immer schwer hatten, waren die Juden. Für sie gab es stets Sondergesetze, Abgabenforderungen und ihre beruflichen Möglichkeiten waren eingeschränkt. Dabei war unter Friedrich dem Großen ihre Stellung noch schlechter als unter seinen Vorgängern.

Im Zuge der Globalisierung leben nicht nur in den jeweiligen Staaten Menschen unterschiedlichster Herkunft, sondern auch die Unternehmen werden immer multikultureller. Gerade in weltweit agierenden Firmen ist Englisch bereits Unternehmenssprache, damit sich die Mitarbeiter auf dem ganzen Globus verständigen können. Es gibt Benimm-Kurse, damit die Expatriates lernen, wie sie sich in fremden Ländern zu verhalten haben und in keine Fettnäpfchen treten. Und für zahlreiche Beratungsfirmen hat sich in diesem Zusammenhang ein neues Betätigungsfeld aufgetan.

7
Neues System in alter Ordnung
Friedrichs Organisation

Behörden und auch Unternehmen kranken häufig an zu komplizierten Strukturen und zu langen Entscheidungswegen. Das kostet Zeit und treibt die Kosten in die Höhe. Nicht umsonst hat der Begriff »Lean Management« Eingang in die Wirtschaft gefunden.

Für Friedrich war klar: »Schlechte Verwaltung kann bei monarchischer Regierung auf sehr verschiedene Ursachen zurückgeführt werden, die ihre Wurzel im Charakter ihres Herrschers haben.« Die Führungskraft ist diejenige, mit der alles steht und fällt. »Sobald der Fürst aus Nichtstuerei das Steuer des Staates Mietlingshänden überlässt – sagen wir: seinen Ministern –, so wird der eine es nach rechts drehen, der andere nach links, niemand wird nach einheitlichem Plan arbeiten. Jeder Minister wird die Einrichtungen, die er vorfindet, mögen sie noch so gut sein, umstürzen wollen, um ein Schöpfer neuer Dinge zu werden und seine launenhaften Einfälle zu verwirklichen – oft zum Schaden des Gemeinwohls.« Auch wenn wir in einer demokratischen Gesellschaft dazu neigen, Friedrich bei dieser Äußerung lauthals zu widersprechen, ist doch eines nicht ganz unrichtig: Wenn in einem Unternehmen kein klares Leitbild mit festen Zielvorstellungen und Werten zu finden ist, passiert es leicht, dass die Mitarbeiter aus reiner Verunsicherung in verschiedene Richtungen arbeiten. So kommt es schließlich dazu, dass die rechte Hand nicht mehr weiß, was die linke tut.

Aus diesem Grund hielt es Friedrich für wichtig, dass es klare Zielvorgaben gibt, die auch kontrolliert werden. »Gleichwie alle Werkteile einer Uhr vereint auf denselben Zweck, die Zeitmessung, hinwirken, so sollte auch das Getriebe der Regierung derartig angeordnet sein, dass all die einzelnen Teile der Verwaltung gleichmäßig zum besten Gedeihen des Staatsganzen zusammenwirken; denn dieses Hauptziel darf niemals aus dem Auge gelassen werden.« Und hier dürfen wir Friedrich auch aus der Perspektive eines Unternehmers mit ganzen Herzen zustimmen, auch wenn eine Monarchie etwas anders funktioniert als eine Demokratie.

Großen Wert legte Friedrich nämlich darauf, dass alle Fäden in einer Person zusammenlaufen. Einer musste den Überblick bewahren und die Ziele vorgeben. Durch ein Gremium von mehreren Personen konnte dies nach seiner Ansicht nicht geschehen: »Ich habe nie einen Ministerrat abgehalten; denn recht besehen, gibt es nichts Schädlicheres. Jede Regierung bedarf eines Systems, und es ist ausgeschlossen, dass viele Köpfe so viele verschiedene Interessen einheitlich zusammenfassen und unverrückbar auf das gleiche Ziel hinstreben können. Anders ein Herrscher, der in seiner Hand alle Zweige der Regierung bereinigt, der sie wie ein Dreigespann Stirn an Stirn lenkt und sie dem vorgesteckten Ziele entgegenführt. Zudem muss man sich darauf gefasst machen, dass jede Beratung, bei der viele zugegen sind, nie ganz geheim bleibt, dass unter ihren Teilnehmern Männer sind, die sich befeinden oder aus Eigensinn auf ihrer Meinung beharren, und dass somit mehr Nachteil als Vorteil daraus entsteht. Ein Herrscher, der sich auf seine Geschäfte versteht, sie einheitlich zusammenfasst und richtig rechnet, kommt allein viel weiter als mit allen Ministerräten.« Mit einer solchen Einstellung würde Friedrich heute natürlich allein auf weiter Flur stehen. Nicht umsonst wird in unserer Zeit großer Wert auf Teamwork gelegt – denn die Vorteile sind unübersehbar: Viele Köpfe haben mehr Ideen als nur einer – auch wenn es der Kopf des Königs, pardon, des Geschäftsführers ist. Und unterschiedliche Mitarbeiter bringen unterschiedliches Know-how in ein Unternehmen ein: Die meisten Fragestellungen und Herausforderungen in modernen Unternehmen müssen ja auch aus verschiedenen Perspektiven angegangen werden. Da darf man sich bei der Einführung eines neuen Produkts nicht nur auf die persönlichen Vorlieben des Chefs verlassen.

Friedrichs Einstellung hatte deshalb selbstverständlich auch gravierende Nachteile. Zwar war er als Herrscher über alle Vorgänge im Land bestens informiert – aber er war auch der Einzige, der darüber informiert war, und somit der Einzige, der wichtige Entscheidungen treffen konnte. Roberto Niederer, langjähriger Gestalter, Designer und künstlerischer Leiter der Glasi Hergiswil am Vierwaldstätter See, sagte einmal: »Wenn jemand in einem Betrieb unverzichtbar ist, dann ist dieser Betrieb falsch organisiert.« Nun, Friedrich sorgte dafür, dass er unverzichtbar war. Seine mangelnde Fähigkeit zu delegieren war ein großer Schwachpunkt und eine Gefahr für den preußischen Staat. Denn was wäre gewesen, wenn Friedrich plötzlich ausgefallen wäre?

Gerade nach seinem Tod waren die Auswirkungen der Zentralisierung sehr spürbar. Denn auch sein Nachfolger und Neffe, Friedrich Wilhelm II., hatte nur wenig Einblick in die Geschäfte seines Onkels und wurde nur sehr mangelhaft in die politischen Abläufe eingeführt. Auch war er in Friedrichs Augen nur bedingt für diese Aufgabe geeignet. In einem Brief an seine Schwester schrieb der Preußenkönig über seinen Neffen: »Nichts hat er von der Erscheinung noch von dem Geiste seines Vaters; linkisch in allem, was er tut, plump, starrköpfig, launenhaft, liederlich und sittenlos, dumm und unerfreulich – das ist sein naturgetreues Porträt. Er verursacht mir hundertfältigen Kummer und verbittert meine alten Tage. Er ist der Ausschuss der Familie.« Leider war seine Einschätzung richtig. Eine selbstständige Regierung vom Schreibtisch aus war für Friedrich Wilhelm unmöglich, dazu musste er das Kabinett in die Pflicht nehmen. In der Folge kam es zum berüchtigten Religionsedikt und kurz darauf zum Zensuredikt. Diese beiden Erlasse raubten dem preußischen Volk sowohl seine religiöse als auch seine literarische Freiheit – und Friedrich Wilhelm seine Beliebtheit.

Im Hinblick auf die Teamfähigkeit hätte Friedrich etwas vom großen Vorbild seines Großvaters lernen können, von Ludwig XIV. Der Sonnenkönig scharte die begabtesten Männer des Landes um sich und ließ sie ihre Talente entwickeln. Beispielsweise holte er den genialen Jean-Baptiste Colbert an seinen Hof, der Wirtschaft und Handel förderte, die Korruption bekämpfte und die Bürokratie neu organisierte. Mit Colbert zusammen – und eben nicht als Einzelkämpfer – stand Ludwig dem Finanzrat vor, der die wirtschaftlichen Geschicke des Landes zu leiten hatte.

Dennoch muss man Friedrich zugute halten, dass auch er in der Verwaltung deutliche Verbesserungen schuf. Vieles verschlankte er und erreichte so eine schnellere Abwicklung. Er vereinfachte das Steuerwesen – damals war so etwas offenbar noch möglich –, und er verbesserte das Verkehrswesen und die Rechtssicherheit. Das Gerichtswesen, wie er es in Preußen vorfand, war ihm viel zu kompliziert und langwierig. Anhängige Verfahren sollten schnell zur Entscheidung kommen – zum Wohle aller: »Das Verfahren soll so kurz wie irgend möglich sein, um die Parteien nicht zugrunde zu richten. Sie dürfen nicht genötigt werden, sich in unnütze Ausgaben zu stürzen, um das zu erlangen, was die Justiz ihnen von Rechts wegen schuldig ist. Dieser Teil der Regierungsgeschäfte kann nicht genugsam überwacht werden, damit der Begehrlichkeit der Richter und dem maßlosen Eigennutz der Advokaten jede erdenkliche Schranke gesetzt werde.« Hier könnten sich unsere Politiker noch eine Scheibe abschneiden.

Das Ziel des preußischen Lean Managements war jedoch ein etwas anderes als in der heutigen Wirtschaft. Für Friedrich stand im Vordergrund, dass die Verwaltung und vor allem das Gerichtswesen selbst für den ungebildetsten Untertan durchschaubar sein sollten. Und das ist doch ein sehr ehrbares, um nicht zu sagen demokratisches Ziel. Man denke nur an die heutige, äußerst komplizierte Steuergesetzgebung, die fast jeden, der auch nur ein Jota von der Norm des angestellten Arbeitnehmers ohne besondere Nebeneinkünfte und Sonderausgaben abweicht, zwingt, einen Steuerberater für die jährlich wiederkehrende Einkommensteuererklärung zurate zu ziehen. Ein weiteres beachtliches Ziel Friedrichs: Niemand sollte Scheu haben, seine Ansprüche zu verteidigen und durchzusetzen. Wenn man bedenkt, wie viele Menschen einen Rechtsstreit heute deshalb vermeiden, weil sie ihn sich – ohne die Segnungen einer Rechtsschutzversicherung – einfach nicht leisten können, wird offensichtlich, dass sich Friedrich nicht nur als Monarch, sondern auch als Diener seiner Untertanen sah und um deren Wohl besorgt war.

In heutiger Zeit fand die Verschlankung in Form der Lean Production insbesondere über die Automobilindustrie – vor allem die japanische – Eingang in die Unternehmen. Flache Hierarchien und moderne Arbeitsformen sollten für eine zügige Fertigung sorgen. Doch dies ging häufig auch auf Kosten von Arbeitsplätzen. Letzteres wusste Friedrich bei seinen Maßnahmen zum Abbau unnötiger Strukturen durchaus zu vermeiden: Als er im Zuge seiner Thronbesteigung das Infanterieregiment Nr. 6 – besser bekannt unter dem Namen »Lange Kerls« – wegen zu hoher Unterhaltskosten von ursprünglich zwei Bataillonen auf eines reduzierte, entließ er nicht etwa einfach die »abgebaute« Hälfte. Vielmehr verteilte er die nicht mehr zum Garderegiment gehörenden »großen Jungs« auf andere Einheiten. Ein geschickter Schachzug, der sowohl den Soldaten als auch dem Herrscher zugute kam. Das Know-how blieb »in der Familie«, das Personal weiterhin in Lohn und Brot.

Während heutzutage die Verschlankung vor allem der Kostenersparnis dient, hatte Friedrich stets auch andere Faktoren im Auge. Hieran könnte sich so mancher moderne Konzern, der seine Mitarbeiter entlässt, um Kosten zu sparen, ein Beispiel nehmen.

Eine Verschwendung, wie sie sich die Bundesrepublik mit der Aufteilung der Bundesministerien zwischen Bonn und Berlin leistet, hätte es bei Friedrich nicht gegeben.

An anderer Stelle dürfte sich eine Verschlankung für alle Beteiligten – für Unternehmen und für die Menschen im Land – positiv auswirken: in der Bürokratie, die nicht umsonst häufig als »Hemmschuh« angesehen wird – als Hemmschuh für Unternehmensgründungen, Neuentwicklungen und letztlich für die Konjunktur. Diese Einsicht teilt sogar das Bundesministerium der Justiz. Auf deren Website ist zu lesen: »Zu viel und unnötige Bürokratie beeinträchtigt Freiheit und Möglichkeiten wirtschaftlicher und bürgerlicher Entfaltung. Überflüssige Bürokratie ist ein Hemmschuh vor allem für Kleinunternehmen sowie Existenzgründerinnen und Existenzgründer. Derzeit steht Deutschland vor entscheidenden wirtschafts- und finanzpolitischen Weichenstellungen. Das Wirtschaftswachstum muss angekurbelt, mehr Beschäftigung muss geschaffen werden. Nur wenn unnötige bürokratische Vorschriften abgebaut und die Geschäftsprozesse in der Verwaltung optimiert werden, können Wachstumskräfte freigesetzt werden. Der Staat muss einfacher werden.« Ob diese Einsicht nun aber tatsächlich in einfachere Strukturen mündet, steht freilich auf einem anderen Blatt.

Die preußische Verwaltung war unter Friedrich – wie bereits an anderer Stelle ausgeführt – in Ressorts ohne regionale Zuständigkeit unterteilt. An oberster Stelle der Verwaltung stand – wie bereits bei Friedrichs Vater – das Generaldirektorium im Berliner Stadtschloss. Unter Friedrich Wilhelm war dieses Generaldirektorium in vier Provinzialdepartements unterteilt, denen jeweils ein Minister vorstand, der wiederum drei bis vier Räte unter sich hatte. Zwar ließ diese Unterteilung auf eine regionale Zuständigkeit schließen, jedoch erhielt jedes Departement ein bestimmtes Sachressort zugeteilt. Eines war für die Grenz- und Rodungsangelegenheiten, eines für das Marschwesen und die Militärökonomie, eines für das Post- und Münzwesen und eines schließlich für die Kassen- und Rechnungsangelegenheiten – jeweils des Gesamtstaates – zuständig, eine Matrix-Organisation. Friedrich hat diesen vier Departements gleich nach Regierungsantritt noch ein fünftes hinzugefügt, das Departement für »Commercien- und Manufacturen-Sachen bei Dero Generaldirectorio«. Ein weiteres Departement folgte 1746 nach den Schlachten um Schlesien. Es war für die gesamte Militärverwaltung zuständig. Ab 1768 schließlich war ein siebtes Departement für das Bergwerks- und Hüttenwesen zuständig und ab 1770 ein achtes für die Verwaltung der Forsten.

Das Generaldirektorium mit verschiedenen Departements war zuständig für die Ausführung der Anweisungen des Königs. Er griff aber auch direkt in Angelegenheiten ein, wobei ihm seine hervorragenden Detailkenntnisse halfen. Wegen eines Problems mit dem Fluss Havel schrieb er: »Das Directorium weis vihl was überschwemmungen Seindt, Sie laßen got einen guten Man Seindt und wan Sie Nuhr lange Schlafen vihl eßen und wenig arbeit haben So ist ihm alles gleich, Dießes Sollte mit güldenen Buch Staben in der versammlung des höchst löblichen Directorio geschriben werden.«

Doch nahm man auf dem Land dieses Generaldirektorium kaum wahr, dort regierten die Landräte, alteingesessene Adlige, die vom lokalen Adel quasi »gewählt« wurden, das heißt, sie wurden vorgeschlagen, und in der Regel wurde dieser Vorschlag auch bestätigt. Für die äußeren Angelegenheiten gab es eine eigene Behörde, das Kabinettsministerium. Es war für den Schriftverkehr mit den königlichen Botschaftern und den Ministerien der anderen Staaten zuständig. Schließlich gab es noch eine dritte Behörde, den Geheimen Rat, der jedoch bereits unter dem Großen Kurfürsten nur noch sehr eingeschränkte Kompetenzen hatte, die sich auf die Justiz und das Bildungswesen beschränkten.

Das eigene Unternehmen in sachlich getrennte Ressorts oder Abteilungen zu gliedern ist heute selbstverständlich. Doch spielt auch die lokale Zuständigkeit eine große Rolle, denn »Business is local«. Allerdings hat auch dieser Grundsatz seine Grenzen. Denn was würde passieren, wenn das Rechnungswesen eines internationalen Konzerns im »Mutterkonzern« irgendwo in Deutschland die Regelungen der IFRS befolgt, der Ableger in Italien den Jahresabschluss aber nach ganz eigenen Vorstellungen aufstellte? Eine Rüge der BaFin wäre wahrscheinlich noch das geringste Problem – wütende Anleger, denen der Geschäftsbericht nicht rechtzeitig oder mit unzureichender Aussagekraft vorgelegt werden kann und die daraufhin all ihre Anteile verkaufen, würden da schon mehr Schaden anrichten. Vom Imageschaden, der bekanntermaßen nicht so leicht zu reparieren ist, ganz zu schweigen.

Nicht nur die Gliederung der Verwaltung unter Friedrich kommt uns heute etwas gewöhnungsbedürftig vor, auch die der Gesellschaft empfinden wir als überholt: Sie war in drei Geburtsstände gegliedert – Adlige, Bürger und Bauern. Dabei durften die Adligen keine bürgerlichen Berufe ausüben. Sie mussten vom Landbesitz bzw. vom Militärdienst leben. Die Offizierslaufbahn war ihnen allein vorbehalten. Die Bauern waren als Erbuntertänige »an die Scholle gebunden«, das heißt, sie mussten Frondienste für die adligen Landbesitzer leisten. Dem Bürgerstand oblagen Handel und Gewerbe. Eine Sonderstellung nahmen die Refugiés aus Frankreich ein. Sie hatten eine eigene Kirchenverwaltung, ein eigenes Unterrichts- und Bildungswesen und eine eigene Gerichtsbarkeit. Und man fand sie in den wichtigsten und einflussreichsten Funktionen bei Hofe und an der Akademie. Auch wenn Friedrich diese Gesellschaftsordnung beibehielt, so dachte er doch darüber nach, wie er die Standesunterschiede ein wenig entschärfen und das Leben der »kleinen Leute« erträglicher gestalten konnte. Das Ergebnis war seine Bauernschutzpolitik. Zwar schaffte er die Leibeigenschaft nicht ab, sorgte jedoch für eine weitgehende Liberalisierung. Er schränkte die Frondienstpflichten ein und verbot das Bauernlegen: Ein Gutsherr durfte nun nicht mehr einfach ein einzelnes Bauerngut seinem eigenen Land zuschlagen.

Eine derartige Gesellschaftsstruktur ist uns heute natürlich sehr fremd. Aber auch unsere Gesellschaft hält mehr als einen Fallstrick für Talente bereit: Die Durchlässigkeit vor allem im Bildungssystem ist zwar auf dem Papier gegeben, in der Praxis aber noch weit vom Ideal entfernt. Und das wird vor allem in Zukunft für Unternehmen problematisch, die auf gut ausgebildete Arbeitnehmer angewiesen sind. Viele Kinder und Jugendliche – vor allem solche mit Migrationshintergrund – sehen einer düsteren Zukunft entgegen. Dazu tragen nicht nur teils vorhandene Sprachschwierigkeiten bei, sondern das gesamte Umfeld, das häufig von Hartz IV geprägt ist. Die jungen Menschen haben keine Vorbilder um sich, die ihnen zeigen können, was man mit Fleiß und Leistung erreichen kann. Ihre Vorstellung vom Leben ist ein trost- und perspektivloses Sich-von-einem-Tag-in-den-nächsten-Schleppen. Und dabei sind auch in diesen Bevölkerungsschichten durchaus Talente versteckt – Talente, die es zu entdecken und zu fördern gilt. Ob der Staat hier durch neue Organisationsstrukturen Abhilfe schaffen wird, ist fraglich. Aber die Unternehmen, die auf all die vielen Talente angewiesen sind, könnten eine wegbereitende Initiative entwickeln. Beispielsweise setzt sich die Wrigley GmbH für die Ausbildung junger Menschen ein, fördert ihr Verantwortungsbewusstsein und motiviert sie zu persönlichem Engagement. Seit 2005 unterstützt das Unternehmen als bundesweiter Hauptsponsor sowie als Regionalsponsor für den Großraum München die Wirtschaftsinitiative »Jugend denkt Zukunft«. Im Rahmen dieses Projekts, das in Kooperation zwischen Unternehmen und Schulen durchgeführt wird, sollen Schülerinnen und Schüler mit unternehmerischen Planungs- und Entscheidungsprozessen vertraut gemacht werden. Schirmherrin der ersten bundesweiten Prämierung der besten Schülerideen war Bundeskanzlerin Angela Merkel. Zielgruppe des Projekts sind Jugendliche von 15 bis 17 Jahren aus allen Schultypen. Im Mittelpunkt steht ein Innovationsspiel. Die Teilnehmer simulieren praxisnah und vor Ort im Unternehmen zusammen mit Mentoren aus dem Unternehmen beispielhafte Innovationsprozesse und entwickeln Produkte und Dienstleistungen für die Zukunft. Dadurch werden Kreativität und Teamgeist sowie Entdeckungsfreude und interdisziplinäres Lernen gefördert. Inwieweit sich dieses Engagement von Wrigley jedoch in Zukunft fortsetzt, steht in den Sternen, nachdem das Unternehmen von dem Konzern Mars übernommen wurde.

8
Schritt für Schritt zum Erfolg
Friedrich als Stratege

Zu jedem Unternehmensziel gehört auch eine Strategie, die es erlaubt, dieses Ziel zu erreichen. Dabei gilt es – in den Worten von Helmuth Graf von Moltke und natürlich auf die Kriegführung gemünzt –, »mit richtigen Takt die in jedem Moment sich anders gestaltende Situation aufzufassen und danach das Einfachste und Natürlichste mit Festigkeit und Umsicht zu tun.«

Eine von Friedrichs Weisheiten lautete: »Ein Steuermann, der mehr den Launen des Windes als der Richtung seines Kompasses folgt, darf nie als Vorbild dienen.« Dabei war ihm durchaus bewusst, dass er manche seiner Siege dem Zufall und nicht besonnenem Vorgehen zu verdanken hatte und insofern nicht immer als Vorbild taugte.

Dennoch war Ausgangspunkt aller Handlungen Friedrichs das Ziel, das er vor Augen hatte: die Etablierung Preußens als europäische Großmacht. »Eine gut geleitete Staatsregierung muss ein ebenso fest gefügtes System haben wie ein philosophisches Lehrgebäude. Alle Maßnahmen müssen gut durchdacht sein, Finanzen, Politik und Heerwesen auf ein gemeinsames Ziel steuern: nämlich die Stärkung des Staates und das Wachstum seiner Macht.« Ein »festgefügtes System« als Basis für den Erfolg ist nicht nur für eine Staatsregierung von entscheidender Bedeutung, sondern auch für jedes Unternehmen: Ein sorgfältig entwickeltes Unternehmensleitbild und klar formulierte Ziele helfen dabei, Entscheidungen auf einer gefestigten Grundlage zu fällen und das Unternehmen sicher in die Zukunft zu führen.

Vor einem solchen Hintergrund traf Friedrich denn auch seine erste große und wichtigste Entscheidung: den Tod Karls VI. zur Eroberung Schlesiens zu nutzen und auf diese Weise das Kernland Preußens zu vergrößern.

Friedrich legte Wert darauf, dass alle Ressourcen des Landes sinnvoll genutzt wurden. Wo immer Land urbar gemacht werden konnte, veranlasste er die entsprechenden Maßnahmen: So wurden beispielsweise die Sumpfgebiete an den Ufern von Warthe, Oder und Netze auf Betreiben des Herrschers erschlossen. Verschwendung fruchtbaren Landes wollte er nicht dulden. So untersagte er die Anlage eines Friedhofs in der Nähe des Berliner Tiergartens mit der Begründung, man möge den Friedhof im Sandboden vor der Oranienburger Landwehr, nicht aber auf fruchtbarem Ackerland anlegen.

Nachhaltigkeit ist in der heutigen Welt, in der Ressourcen immer knapper werden, ein sehr aktuelles Thema. Und so setzen kluge Unternehmer – ähnlich wie Friedrich – auf eine sinnvolle Nutzung vorhandener und die Erschließung neuer Ressourcen. Erdöl und Erdgas – gängige Energielieferanten – werden nicht ewig in ausreichenden Mengen zur Verfügung stehen. Schon seit einigen Jahren zeichnet sich hier ein Engpass ab – das Angebot wird sinken, die Preise weiter steigen. Somit ist es eine auch wirtschaftlich kluge Entscheidung, zumindest einen Teil der Energiebedarfs eines Unternehmens durch die Nutzung alternativer Energiequellen zu decken: Solaranlagen, Geothermie, Windräder – all das sind überlegenswerte Optionen, möchte man sein Unternehmen für die Zukunft wappnen und ihm unnötig hohe Ausgaben ersparen. Auch kann man seinen Fuhrpark mit Elektro- oder Hybridfahrzeugen aufstocken. Natürlich muss hier zunächst investiert werden – aber es lohnt sich. Ein Unternehmer, der in die Nachhaltigkeit seiner Ressourcen investiert, investiert auch in die (erfolgreiche) Zukunft seines Unternehmens. Ganz nebenbei hat Umweltverträglichkeit eine nicht zu verachtende Werbewirkung. Immer mehr Menschen werden sich der Gefahr, die dem Planeten Erde droht, bewusst – die Worte »Klimawandel« und »Treibhauseffekt« kennt inzwischen jedes Kind, und es vergeht kaum ein Tag, an dem nicht über das Thema Umweltschutz debattiert wird.

Der Nutzengedanke findet sich auch in Friedrichs Einsatz der Human Resources, auf den wir später noch zu sprechen kommen. Er war stets bemüht, die fähigsten Menschen auf die Posten zu setzen, auf denen sie ihre Fähigkeiten am besten entfalten konnten. Natürlich ist es auch modernen Unternehmen heutzutage ein Anliegen, die richtigen Leute für eine vakante Position auszuwählen. Denn der Falsche an einer Schlüsselposition kann schnell großen Schaden anrichten. Deshalb sehen sich größere Firmen die Kandidaten zunächst einmal genau an und fühlen ihnen auf den Zahn. Neben einer konventionellen Bewerbung müssen die Bewerber oft mehrere Tests und mindestens einen Tag in einem Assessment-Center verbringen, wo sie von ihrem künftigen

Arbeitgeber genau unter die Lupe genommen werden. Denn jedem Unternehmer ist klar, dass seine Mitarbeiter erheblich zum Erfolg seines Unternehmens beitragen – sie sind sozusagen die Sprossen der Erfolgsleiter. Und nur mit guten Mitarbeitern gelingt es, diese Leiter gefahrlos zu erklimmen – Schritt für Schritt.

Zu einer tragfähigen Strategie, die auf lange Sicht zum Erfolg führen soll, gehört ein genauer Überblick über die eigene Situation und die des Wettbewerbs. Ein Fürst – und auch ein Unternehmer – muss seine Augen überall haben und über alle wichtigen Entwicklungen informiert sein. Auf die Frage, was »im allgemeinen Wettstreit des Ehrgeizes, in dem so viele sich mit der gleichen Waffe zu vernichten und sich mit den gleichen Listen zu hintergehen suchen«, entscheide, antwortet Friedrich in seinem Rückblick »Geschichte meiner Zeit« aus dem Jahr 1775: »Einzig und allein der weit schauende Scharfblick und die Kunst, seine Pläne mit kluger Voraussicht auf mehr als einem Wege zur Reife zu bringen.« In diesem Satz spricht Friedrich viele Eigenschaften an, die ein strategisch denkender Unternehmer heute mitbringen sollte: die Fähigkeit, vergangene und gegenwärtige Entwicklungen zu analysieren und daraus für die Zukunft Schlüsse zu ziehen sowie künftige Neuentwicklungen voraussehen zu können. Wenn aus diesen Überlegungen neue Produkte entwickelt werden, sollte immer ein Plan B im Hintergrund als »Fallback« zur Verfügung stehen, um Unvorhergesehenes abfangen zu können.

Die feindlichen Grenzen genau zu prüfen heißt in der heutigen Unternehmenswelt, eine umfassende Konkurrenzanalyse durchzuführen: Wo sind die Schwachstellen des Konkurrenzprodukts? Wo kann man ansetzen, um sich abzuheben und mit dem eigenen Produkt dem Kunden einen noch größeren Nutzen anzubieten? Sodann gilt es, mit genau diesem Nutzen ein offensives Marketing zu betreiben. Den meisten sind derartige Szenen in der Fernsehwerbung vertraut: Da tanzt eine junge Frau durchs Bad, sprüht im Vorbeispringen ein paar Spritzer aus einer Putzmittelflasche auf eine Kachelwand, spült sie kurz mit Wasser ab – und schon strahlt nicht nur das Badezimmer, sondern auch die glückliche Hausfrau. Die Wirkung des neuen Mittels ist beeindruckend – und bleibt den Fernsehzuschauern im Gedächtnis. Hätte die werbende Firma anstelle der zufriedenen Konsumentin eine Liste der Inhaltsstoffe gezeigt, hätte sie wohl kaum Erfolg damit gehabt. Es ist jedoch nie verkehrt, zusätzlich zum Kundennutzen auch einige weitere Vorteile des Produkts nennen zu können – schließlich gibt es unzählige Produkte, die (angeblich) Wunder wirken. Ein wichtiges Argument kann zum Beispiel die Umweltverträglichkeit der Inhaltsstoffe sein. Besonders aggressiv erscheint Werbung, in der verdächtig bekannte (leicht verfremdete) Etiketten das »herkömmliche« Produkt zieren. Hier wird zwar nicht explizit, aber dennoch deutlich gegen einen Konkurrenten gearbeitet.

In seinen »Generalprinzipien des Krieges und ihre Anwendungen auf die Taktik und Disziplin der preußischen Truppen« hat Friedrich seine strategischen Auffassungen präzisiert: Ein ausführbarer Plan ist einem glänzenden vorzuziehen, eine Schlacht muss eine politische oder militärische Funktion haben, d. h. einen Zweck erfüllen. Der Feldherr muss selbst die Schlacht herbeiführen, denn wenn er vom Gegner zu der Schlacht gezwungen werde, so lässt er sich vom Gegner die Gesetze des Handelns vorschreiben. Ein Krieg muss auch kurz sein: »Ein langwieriger Krieg zerstört nach und nach unsere vortreffliche Disziplin, entvölkert das Land und erschöpft unsere Hilfsquellen.« Hier zeigen sich viele Parallelen zu strategischen Entscheidungen von Unternehmen.

Die Schlacht bei Leuthen während des Siebenjährigen Krieges war ein Musterbeispiel für hervorragendes Management. Strategie, Taktik, Umsetzung und Motivation der Beteiligten waren beispielhaft. Napoleon hat geäußert, dass allein diese Schlacht Friedrich unsterblich gemacht hat.

Die Schlacht bedeutete einen Wendepunkt zugunsten Preußens, wenn auch nicht, wie der König gehofft hatte, das Ende des Krieges. Es lohnt sich, diese Unternehmung genauer zu betrachten, um die glänzende Führungsleistung des Königs zu verstehen.

Die Ausgangssituation für Preußen war aus folgenden Gründen ungünstig:

- Schlesien war einschließlich aller Festungen zu diesem Zeitpunkt bereits von Österreich besetzt. Dabei hatte der preußische General von Braunschweig-Bevern am 22. November trotz einer Mannschaftsstärke von 27 000 Soldaten die Festung Schweidnitz aufgeben müssen.
- Die siegreichen preußischen Truppen unter Friedrich mussten in Eilmärschen aus Roßbach in Thüringen herangeführt werden. Sie benötigten 16 Tage für 300 Kilometer und waren entsprechend erschöpft.

- Der Gegner war hoch überlegen: Den 35 000 preußischen Soldaten standen 65 000 Österreicher gegenüber.
- Es war Winter, eine Jahreszeit, zu der normalerweise keine Schlachten geschlagen wurden.
- Die Österreicher hatten sich in einem Lager verschanzt.

Der König war jedoch fest entschlossen, den Krieg mit dieser entscheidenden Schlacht zu beenden. Positiv wirkte sich für ihn aus,

- dass das Gelände für eine Schlacht geeignet war. Es war normalerweise durch Wassergräben und Sümpfe schlecht passierbar. Aber der Winter war früh hereingebrochen und hatte den Boden gefroren;
- dass er das Gelände aus früheren Manövern kannte. Er sah dadurch die Möglichkeit, Bewegungen zu verschleiern;
- dass die Überheblichkeit der Österreicher sie verführt hatte, nur einen Teil der Artillerie mitzunehmen. Sie spotteten über die »Potsdamer Wachparade«;
- dass der Feldherr Prinz von Lothringen, der Bruder des österreichischen Kaisers, keine militärischen Qualitäten besaß;
- dass die Österreicher das befestigte Lager verließen, um sich einer Schlacht zu stellen.

Drei Dinge haben zum Erfolg dieser Schlacht beigetragen: eine hervorragende Motivation, eine glänzende strategische Planung und eine bedingungslos dem König ergebene Truppe mit hervorragenden Offizieren, die für eine perfekte Umsetzung sorgten.

Entscheidend war die Motivation der Truppen. Die Armee des Generals von Braunschweig-Bevern war mutlos, da sie eine Schlacht verloren hatte. Der König sprach mehrere Tage lang den Offizieren und Soldaten persönlich Mut zu, ließ Lebensmittel und Wein austeilen. Er entschloss sich, am 5. oder 6. Dezember, d. h. bereits eine Woche nach seinem Eintreffen aus Thüringen, eine Schlacht zu führen.

An seine Generäle, und über diese auch an seine Truppen, hielt er eine denkwürdige Ansprache. Sie ist in unterschiedlichen Quellen in unterschiedlichen Versionen überliefert worden. Der König sprach Deutsch und offensichtlich sehr überzeugend:

»Ihnen, meine Herren, ist bekannt, dass es Prinz Karl von Lothringen gelungen ist, Schweidnitz zu erobern, den Herzog von Bevern zu schlagen und sich zum Meister von Breslau zu machen, während ich gezwungen war, dem Fortschritt der Franzosen und Reichsvölker Einhalt zu gebieten. [...] Es ist fast keiner unter Ihnen, der sich nicht durch eine große, ehrenvolle Haltung ausgezeichnet hätte, und ich schmeichle mir daher, Sie werden bei vorfallender Gelegenheit nichts an dem mangeln lassen, was der Staat von Ihrer Tapferkeit zu fordern berechtigt ist. [...] Lassen Sie es sich also gesagt sein, ich werde gegen alle Regeln der Kunst die beinahe drei Mal stärkere Armee des Prinz Karl angreifen, wo ich sie finde. [...] In der Situation, in der ich mich befinde, geht es um Sieg oder Tod! Alles ist verloren, wenn wir unterliegen! Denken Sie daran, meine Herren, dass wir bei diesem Anlass für unseren Ruhm, für den Fortbestand unseres Heimatlandes, für unsere Frauen und Kinder kämpfen werden.

Diejenigen unter Ihnen, die wie ich denken, können versichert sein, dass ich im Falle Ihres Todes für Ihre Frauen und Kinder sorgen werde; diejenigen jedoch, die es vorziehen, ihren Abschied zu nehmen, werden ihn auf der Stelle erhalten, Wohltaten allerdings dürften sie nicht erwarten. [...] Gehen Sie nun in das Lager und wiederholen Sie Ihren Regimentern, was Sie von mir gehört haben. Das Regiment Kavallerie, welches nicht gleich, wenn es befohlen wird, sich unaufhaltsam in den Feind stürzt, lasse ich gleich nach der Schlacht absitzen und mache es zu einem Garnisonsregiment. Das Bataillon Infanterie, das, es treffe worauf es wolle, nur zu stocken anfängt, verliert die Fahnen und Säbel und ich lasse die Borten von der Montierung schneiden. Nun leben Sie wohl, meine Herren, in Kurzem haben wir den Feind geschlagen oder wir sehen uns nicht wieder.«

In dieser berühmte Ansprache finden sich alle Ingredienzien eine guten Rede wieder: Herausforderung, Vertrauen in den Einzelnen, Verpflichtung und Darstellung von Folgen mangelnden Einsatzes. Der König, als ein Spötter seiner selbst, soll gesagt haben: »Man war gerührt.«

Die strategische Planung sah vor, den Gegner über die wahren Absichten zu täuschen. Die preußischen Truppen marschierten frontal auf die Stellungen der Österreicher zu und erweckten den Eindruck, den rechten Flügel des Gegners angreifen zu wollen. Die Österreicher verstärkten sofort diesen Bereich. Die Preußen schwenkten jedoch zum linken Flügel und marschierten, gedeckt durch das Gelände, parallel und für die Österreicher nicht erkennbar, bis zum Ende der gegnerischen Front.

Von dort erfolgte der Angriff. Eine Reaktion des Gegners erfolgte nicht, da man der Ansicht war, der König wäre abmarschiert. Entscheidend war auch, dass der König das schwere Geschütz nicht fest installierte, sondern mitführen ließ. Außerdem wurde Munition auf Wagen direkt hinter der Infanterie postiert. Ein gefährliches Unterfangen, das jedoch den Nachschub sicherte.

Bei der Umsetzung muss man bedenken, welche Schwierigkeiten jede Truppenbewegung behinderten. Hier mussten 35 000 Soldaten durch unebenes Gelände und Wälder Lasten schleppen, Munitionswagen und Geschütze ziehen und sofort bereit sein, sich für einen Angriff zu formieren. Dieser kräftezehrende Marsch benötigte sicherlich mehr als eine Stunde. Friedrich war die ganze Zeit auf einem Hügel postiert, von dem er die Einsätze steuern konnte.

Der eigentliche Angriff von der Flanke begann um 13 Uhr und dauerte ca. 4 Stunden. Die Soldaten, alles Preußen, die ausländischen Söldner waren schon vorher desertiert, kämpften entschlossen unter der disziplinierten Führung ihrer Offiziere. Gefangene wurden demonstrativ an den kämpfenden Truppen vorbeigeführt. Der Feind konnte zwar ständig neue, unverbrauchte Truppen in die Schlacht werfen, die jedoch in der allgemeinen Konfusion nicht richtig zum Einsatz kamen. Die preußische Artillerie, die ständig nachgeführt wurde, riss immer wieder Lücken in die Phalanx der Gegner. Der österreicherische Angriff brach zusammen, und die Soldaten flüchteten. Aufgrund der hereinbrechenden Dunkelheit und der Erschöpfung der preußischen Truppen war es schwierig, die Flüchtenden sofort zu verfolgen, so dass die Vernichtung der gegnerischen Armee nicht gelang. Den eigenen Verlusten, verwundeten und toten Soldaten von 6 000 Mann, standen die der Österreicher mit 22 000 Mann einschließlich der Gefangenen gegenüber. Die geschlagenen österreichischen Truppen wurden später über die böhmische Grenze gejagt. Wichtiger als die Verluste des Gegners waren die strategischen Folgen. Breslau und Liegnitz fielen wieder in preußische Hand. Der Krieg war damit nicht beendet, jedoch Schlesien wieder befreit.

Doch darf man sich mit kurzfristigen Erfolgen nicht zufrieden geben. Vielmehr muss man ständig am Ball bleiben. Sich auf gewonnenen Lorbeeren auszuruhen, das kam auch für Friedrich nicht infrage. »Es ist schön, sich Ruhm erworben zu haben. Es sei aber auch fern von uns, in sträflicher Sicherheit einzuschlafen. Vielmehr müssen wir von langer Hand die Mittel vorbereiten, zu deren Gebrauch uns Zeit und Umstände Gelegenheit geben werden.« Mit diesen Worten wendete er sich nach gewonnener Schlacht in seinen »Generalprinzipien des Krieges« an seine Offiziere. Kaum war ein Krieg gewonnen, begann Friedrich bereits damit, seine Armee, sein Waffenarsenal und die Kriegskasse wieder aufzustocken. Um mit Sepp Herberger zu sprechen: »Nach dem Spiel ist vor dem Spiel.« Und genauso dürfen sich Unternehmen – so sie erfolgreich sein wollen – nicht auf den Lorbeeren eines gewonnenen Kundenauftrags ausruhen, sondern müssen stetig und immer wieder aktives Marketing betreiben, sonst laufen sie Gefahr, ganz schnell in Vergessenheit zu geraten. Denn der Wettbewerb schläft nicht, wie es so schön heißt, und selbst etablierte Produkte können aufgrund aggressiver Werbung von Konkurrenten leicht verdrängt werden. Es gilt, sich in den Köpfen der Kunden präsent zu halten und immer wieder mit technischen Neuentwicklungen aufwarten zu können, die die sich ständig weiterentwickelnden Bedürfnisse der Kunden zufriedenstellen. Ein schönes Beispiel ist die Entwicklung tragbarer Musikgeräte: War in den 1980er-Jahren der Walkman der letzte Schrei, wurde er schon bald – durch die Weiterentwicklung der Tonträger – vom Discman abgelöst. Aber auch diese Mode war nur von kurzer Dauer: Kaum jemand würde heute ein solch unhandliches Gerät mit sich herumtragen – der Kunde ist anspruchsvoller geworden und möchte überall Musik, Podcasts oder Hörbücher hören können. Da muss das entsprechende Gerät in jede Hosentasche passen – die Entwicklung des MP3-Players und, in der noch moderneren Version, des iPods und aller seiner Derivate war da fast zwingend.

Im Krieg wie im Marketing gibt es offensive und defensive Strategien. Friedrich war ein Meister der Offensive, defensives Verhalten verachtete er. In seinen »Generalprinzipien des Krieges« legt er dar: »Ein Plan, der ausschließlich auf Verteidigung hinausläuft, taugt nichts. Er zwingt euch zum Beziehen von festen Lagern; der Feind umgeht euch, und da ihr nicht zu kämpfen wagt, zieht ihr euch zurück. Der Feind umgeht euch wieder, und beim Schluss der Rechnung findet sich, dass ihr durch euren Rückzug mehr Gelände einbüßt als durch eine verlorene Schlacht. Auch schmilzt eure Armee durch Desertion mehr zusammen als durch den blutigsten Kampf. Eine so ausschließliche Defensive, wie ich sie hier meine, ist wertlos; denn bei ihr ist alles zu verlieren und nichts zu gewinnen. Einem solchen Verhalten ziehe ich also die Kühnheit des Heerführers vor, der lieber zur rechten Zeit eine Schlacht wagt; dann hat er alles zu hoffen, und selbst im Unglücksfall bleibt ihm immer noch das Mittel der Defensive. Ein offensiver Feldzugplan erfordert genaue Prüfung der feindlichen Grenzen. Nach gründlicher Erwägung, wo man den Angriff beginnen will, bestimmt man entsprechend den Versammlungsort der Armee und sorgt endlich für die Lebensmittel.« Wenn aber tatsächlich einmal defensives Verhalten notwendig sei, meint Friedrich, dann solle die Defensive eine List sein, »die das Selbstgefühl der Feinde reizt und sie zu Fehlern verleitet, aus denen ein geschickter Feldherr seinen Vorteil ziehen kann.«

Ein wichtiges strategisches Mittel war für Friedrich, sich in die Situation des Feindes hineinzuversetzen und dessen Handlungen vorauszusehen. »Stets muss man sich die Lage überlegen, in der man sich befindet, und sich fragen: Welche Pläne würde ich fassen, wenn ich an des Feindes Stelle wäre? Hat man sich mehrere solcher Pläne ausgedacht, so muss man über die Mittel nachsinnen, wie man sie zum Scheitern bringen könne. Man muss dann vor allem sofort die etwaigen Mängel der eigenen Stellung, der Anordnung der Truppen, der Depots und der Detachierungen verbessern.« Es geht also um Konkurrenzbeobachtung, um Analyse der eigenen Stärken und Schwächen und um vorausschauendes Handeln. Nur so kann es gelingen, dem Konkurrenten quasi zuvorzukommen, also geniale Ideen umzusetzen, bevor ein anderes Unternehmen es tut, Potenziale und mögliche Nischen zu erkennen und zu besetzen, ehe sie anderen ins Auge fallen, aus den Stärken des Gegners zu lernen und auf dieser Basis eigene Konzepte aufzubauen.

Bei vielen Unternehmen dominiert zu stark das wirtschaftliche Denken. Es werden Kriterien festgelegt, die beispielsweise das Erreichen einer bestimmten Kapitalrendite innerhalb eines gewissen Zeitraums festschreiben. Häufig sind diese Ergebnisse der einzige Entscheidungsfaktor. Wichtige qualitative Aspekte werden dabei verdrängt. Es ist daher von großer Bedeutung für ein Unternehmen, die Entscheidungsparameter für Strategien festzulegen. Bei vielen oder den meisten Firmen werden solche Entscheidungsparameter später nicht überprüft. Dadurch verliert man die Möglichkeit, aus Fehleinschätzungen zu lernen.

Bei allen diesen Überlegungen kann man völllig danebenliegen. Denn die Szenarien bewegen sich nicht in der Welt von Gewissheiten, sondern in der des Wahrscheinlichen. Bei den Unternehmen fehlt häufig die Einsicht, dass es keine Instrumente gibt, die Ungewissheit wirtschaftlichen Handelns auszuschalten. Wie Bolko von Oetinger von der Boston Consulting Group sagt, zeichnet sich strategisches Denken nicht dadurch aus, dass es uns Gewissheit verschafft, sondern dass es uns auf schwierige Situationen vorbereitet. Strategien waren auch zu Friedrichs Zeiten ungewiss. Die politische Großwetterlage war in ständiger Bewegung. In England zeichnete sich nach dem Ersten Schlesischen Krieg eine Annäherung an das Haus Habsburg ab, in Frankreich starb Kardinal Fleury und hinterließ ein politisches Vakuum, in Russland bestieg Zarin Elisabeth den Thron. Man muss sich auch die Situation an den königlichen Höfen dieser Zeit vergegenwärtigen, um zu ermessen, wie schwierig die richtige Einschätzung der politischen Situation war. Die Politik wurde von kleinen Zirkeln am Hofe bestimmt, die vor Intrigen, Bestechungen und allen anderen Methoden der psychologischen Beeinflussung nicht zurückschreckten.

»Aus allen in diesem Werke festgesetzten Regeln werdet Ihr ersehen haben, worauf die Taktik beruht, die ich bei meinen Truppen eingeführt habe. Der Zweck aller dieser Manöver ist es, bei jeder Gelegenheit Zeit zu gewinnen und daraus Nutzen zu ziehen, sei es, um aus dem Lager zu rücken oder sich geschwinder als der Feind zu formieren, oder auch, um sich rasch und ohne jede Verwirrung in die gewöhnliche oder schräge Schlachtordnung zu stellen, oder auch, um schneller Terrain zu gewinnen und die Schlacht eher zur Entscheidung zu bringen, als es bisher Brauch war, oder schließlich, um den Feind durch das Ungestüm unserer Kavallerieattacken über den Haufen zu werfen.«

Raffinierte Taktiken standen nicht nur Friedrich zu Gebote, auch heutige Konzerne lassen sich äußerst ausgeklügelte Werbestrategien einfallen: Die Unternehmen Media Markt und Saturn scheinen für viele Verbraucher zwei völlig verschiedene und unabhängige Firmen zu sein – auch in der Marketingstrategie macht es den Anschein, als würden die beiden sich gern gegenseitig bekriegen: »Geiz ist geil!« (Saturn) contra »Ich bin doch nicht blöd!« (Media Markt). In Wahrheit aber gehören beide zur Media-Saturn-Holding (MSH), die ihrerseits wiederum zur Metro-Gruppe gehört. Die Marketingstrategien der beiden Ketten werden sogar zentral abgestimmt – von echten Konkurrenten kann also hier auf keinen Fall die Rede sein. Damit sich beide nicht gegenseitig die Kunden wegnehmen, siedelt sich Saturn bevorzugt im innerstädtischen Bereich an, während Media Markt eher außerhalb, »auf der grünen Wiese« zu finden ist. Die Strategie ist genial – ob sie den Verbrauchern gegenüber fair ist, sei dahingestellt.

Nun kann es passieren, dass auch die beste Taktik bei einer offensichtlichen Übermacht des Gegners nicht mehr viel hilft – aber auch eine solche Konstellation konnte Friedrich nicht schrecken, und er blieb bei der Strategie der Offensive. So schrieb er zu Beginn des Siebenjährigen Krieges an seinen Bruder und designierten Nachfolger August Wilhelm: »Wenn unsere Feinde, lieber Bruder, uns den Krieg aufdrängen, so muss man fragen: Wo stehen sie? und nicht: Wie viel sind ihrer? Wir haben nichts zu fürchten, unsere Feinde laufen größere Gefahr als wir, und nach allen Regeln der Wahrscheinlichkeit werden wir uns höchst ehrenvoll aus der Schlinge ziehen. Lass die Weiber in Berlin über Teilungsverträge schwatzen! Wir preußischen Offiziere, die wir unsere Kriege hinter uns haben, müssen wissen, dass keine Überzahl und keine Schwierigkeit uns je den Sieg entreißen konnten, und müssen bedenken, dass es noch dieselben Truppen sind wie im letzten Kriege, dass das ganze Heer noch besser für die Schlacht geschult ist und dass es für uns, wenn wir nicht allzu grobe Dummheiten begehen, moralisch unmöglich ist vorbeizuhauen.« Nach der verhängnisvollen Schlacht bei Kolin sank jedoch Friedrichs Zuversicht. Seiner Schwester Wilhelmine schrieb er: »Der Feinde sind es zu viele. Selbst wenn ich so glücklich wäre, zwei Heere zu schlagen, das dritte würde mich vernichten.« Dennoch kam Aufgeben für ihn nicht infrage. An einer anderen Stelle im Brief schrieb er: »Und trotz aller dieser Schläge recke ich mich auf gegen das Missgeschick, so dass ich glauben darf, dass meine Haltung bis heute von jeder Schwäche frei ist. Ich bin fest entschlossen, gegen das Unheil anzukämpfen, zugleich aber auch, nie meinen Namen unter die Schande und Schmach meines Hauses zu setzen.«

Die Zusammenarbeit mit Fremdfirmen hat einen großen Einfluss auf die Chancen und Risiken eines Unternehmens. Partner müssen genauestens überprüft werden, ob sie den Erwartungen entsprechen. Friedrich hatte mit Frankreich eine Großmacht als Partner, die in der Vergangenheit in Europa die dominierende Rolle spielte. Er hat dabei übersehen, dass der Höhepunkt dieser Großmacht überschritten war und er militärisch keine Unterstützung erwarten konnte. Viele Firmen haben mit Partnern gearbeitet, die falsch eingeschätzt wurden. Friedrich II. hat anfangs, wie das bei allen Armeen üblich war, viele Söldner eingestellt, um die eigene Wirtschaft zu schonen. Als es im Siebenjährigen Krieg wichtig war, eine hoch motivierte Truppe zu haben, hat er den Anteil der Soldaten aus Preußen maßgeblich erhöht. Das ist ein gutes Beispiel dafür, dass eigene Mitarbeiter bestimmte Vorteile haben. Sie können weit besser motiviert werden. Auch ist der Einsatz besser kalkulierbar, da ihre Fähigkeiten bekannt sind. Das Ausweichen auf freie Mitarbeiter oder Sublieferanten schwächt diese Basis, es sei denn, man hat bereits mit den Mitarbeitern dieser Firmen gute Erfahrungen gesammelt. Der Große Kurfürst dazu: »Alliancen seindt zwahr gutt, aber eigene Krefte noch besser, darauff kann man sich sicherer verlassen.«

Tatsächlich haben kleine Anbieter durchaus eine Chance gegen »die Großen«. So wie Friedrichs Heer seine Vorteile aus seiner Wendigkeit zog, so können kleine Unternehmen ihre Flexibilität einsetzen. Sie können Nischen bedienen, in denen sie maßgeschneiderte Waren und Dienstleistungen statt eines Massenangebots bieten. Sie können sich durch überragenden Service und persönlichen Kundenkontakt auszeichnen. Und sie können dafür auch einen angemessenen Preis verlangen. Denn immer mehr Kunden wenden sich ab von den »Geiz ist geil«-Unternehmen und sind gerne bereit, für hohe Qualität, individuellen Service oder auch bestimmte Ideale entsprechend mehr zu bezahlen. Kein Bioladen hätte auch nur die geringste Chance, neben den großen Supermärkten zu bestehen, wenn es da nicht Menschen gäbe, die aus ihrer Lebenseinstellung heraus ein Interesse an Obst und Gemüse aus ökologischem Anbau, an den Produkten lokaler Bauern oder an fairen Handelsbedingungen und Preisen hätten. Daher dürfen auch die Großunternehmen die kleinen, unscheinbaren Konkurrenten und die Reaktion des Marktes auf sie niemals aus den Augen verlieren, zumal viele heutige Weltkonzerne einmal als kleine Garagenfirmen angefangen haben – man denke nur an Microsoft und Yahoo!. »Jeder fängt einmal klein an«, sagt ein bekanntes Sprichwort. Friedrich hat es vorgemacht: Aus dem kleinen, unbedeutenden, zerrissenen Preußen wurde unter seiner Führung eine Großmacht.

9
Dicht am Volk
Friedrich als Manager

Topmanager gelten im Allgemeinen als unnahbar. Sie sitzen »da oben« und haben keine Ahnung, was »da unten« vor sich geht, und nur wichtige Personen des Unternehmens haben Zugang zu ihnen. Entscheidungen werden am grünen Tisch getroffen, ohne jede Nähe zu den Dingen. Dieses Bild des Managers bedarf einer grundlegenden Revision. Was heute gefragt ist, ist der »Manager zum Anfassen«, der sich nicht zu schade ist, den Dialog auch noch mit dem »kleinsten« Hilfsarbeiter aufzunehmen. Ein solches Managerbild verkörperte Friedrich.

In seiner Schrift »Regierungsformen und Herrscherpflichten« aus dem Jahr 1777 fasst Friedrich die Pflichten eines Staatslenkers wie folgt zusammen: Seine Dienste am Volk »bestehen im Aufrechterhalten der Gesetze, in unbestechlicher Pflege der Gerechtigkeit, in kraftvollstem Widerstand gegen die Sittenverderbnis, im Verteidigen des Staates gegen seine Feinde. Der Staatslenker muss sein Augenmerk auf die Bodennutzung gerichtet haben, er muss für reichliche Beschaffung von Lebensmitteln Sorge tragen, muss Handel und Gewerbe fördern. Er gleicht einer ständigen Schildwache, die über die Nachbarn und das Verhalten der Feinde zu wachen hat. Von ihm wird verlangt, dass er mit weitblickender

Klugheit zur rechten Zeit Verbindungen anknüpfe und Bundesgenossen wähle, wie sie den Interessen seines Gemeinwesens am zuträglichsten sind.«

Im Kontext von Unternehmen sind diese Pflichten fast mit der Fürsorgepflicht des Arbeitgebers vergleichbar – denn nach den Paragrafen 241 Absatz 2 und 617–619 des Bürgerlichen Gesetzbuchs soll der Arbeitgeber Arbeitsbedingungen schaffen, die jeden Beschäftigten vor Gefahren für Leib, Leben und Gesundheit schützen. Er muss seinen Arbeitnehmer also gegen »Feinde« verteidigen, seien es Arbeitsbedingungen, die den Arbeitnehmer krank werden lassen könnten, oder mobbende Mitarbeiter. Wenn er ein Übriges tun und die Gesundheit seiner Mitarbeiter fördern will, könnte er auch darüber nachdenken, wie Friedrich »für reichliche Beschaffung von Lebensmitteln Sorge [zu] tragen« – indem er seinen Arbeitnehmern immer einen gutgefüllten Obstkorb zur Verfügung stellt.

Friedrich sah sich immer als »ersten Diener des Staates«: »Der Herrscher ist der erste Diener des Staates. Er wird gut besoldet, damit er die Würde seiner Stellung aufrechterhalte. Man fordert aber von ihm, dass er werktätig für das Wohl des Staates arbeite und wenigstens die Hauptgeschäfte mit Sorgfalt leite. Er braucht zweifellos Gehilfen. Die Bearbeitung der Einzelheiten wäre zu umfangreich für ihn. Aber er muss ein offenes Ohr für alles Klagen haben, und wem Vergewaltigung droht, dem muss er schleunig sein Recht verschaffen.« – Das klingt doch wirklich nach einem Katalog, an dem sich Topmanager noch heute orientieren können: Sie sollten ihren Mitarbeitern in puncto Produktivität ein Vorbild sein und Entscheidungen, die die Geschicke des Unternehmens und damit die Arbeitnehmer betreffen, sorgfältig fällen. Und sie sollten ihren Mitarbeitern aufmerksam zuhören, wenn sie etwas auf dem Herzen haben – sonst droht die innere Kündigung, und ein unter Umständen wichtiger Mitarbeiter geht dem Unternehmen verloren. Zudem können sich aus solchen Gesprächen auch Anregungen ergeben: Die Unternehmensführung erhält Hinweise auf ihr bisher unbekannte Probleme, mit denen die »unteren Ränge« zu kämpfen haben, und kann diese gezielt in ihre Verbesserungspläne einbeziehen. Auf diese Weise ist die Gefahr, an den Interessen der Mitarbeiter vorbeizuplanen, sehr gering – der Nutzen aber groß: Denn wird Abhilfe geschaffen, so lässt sich dadurch nicht selten auch die Produktivität des Unternehmens steigern. Idealerweise kämpft der Manager auch für seine Mitarbeiter und lässt nicht zu, dass sie zu Unrecht angegriffen werden. So viel Nähe zu den »Untergebenen« war auch Friedrich immer sehr wichtig.

Der Preußenkönig war viel auf Inspektionsreisen unterwegs und erkundigte sich immer wieder persönlich bei den Menschen, die in seinem Land lebten, nach ihrem Wohlbefinden und ihren Bedürfnissen. Er hörte sich ihre Sorgen und Nöte an und veranlasste, wo immer möglich, das Nötige, damit es den Menschen wieder besser ging. Waren alle glücklich und zufrieden, freute sich auch der König. Das mittlere Management versuchte jedoch immer wieder, dem Druck des Königs nach Möglichkeit zu entkommen; zum Ende seiner Regierungszeit wurde Friedrich sogar regelrecht betrogen. Es wurden ihm potemkinsche Dörfer vorgegaukelt. So meldete der schlesische Minister Hoym ihm einen zu hohen Zuwachs an Immigranten und ließ alle Kolonisten an der Straße aufgereiht stehen, wenn der König kam. Oder es wurde die Zahl der eingerichteten Schulen auf dem Papier vergrößert. Friedrich bemerkte offensichtlich sehr wohl, dass er betrogen wurde, und schrieb: »An die Wege, wo sie wissen, dass ich durchpassiere, da geben sie sich etwas Mühe und findet man wohl etliche hundert Schritt etwas von Bäumen, dahinter ist alles kahl und wird nichts getan.«

Ein Firmenchef darf den Kontakt zur Basis, zu den Menschen, die mit ihrer täglichen Arbeit zum Erfolg des Unternehmens beitragen, nicht verlieren und muss ihn immer wieder suchen. Nur so fühlen sich die Mitarbeiter in ihrem Wert für das Unternehmen wahr- und ernst genommen. Wirklich beachtlich und viel zu selten sind Geschäftsführer und Manager, die all ihre Mitarbeiter – egal ob Abteilungsleiterin oder Raumpfleger – mit ihrem Namen ansprechen können. In Friedrichs Worten: »Der Heerführer muss populär sein. Er muss mit den Soldaten reden, wenn er an ihren Zelten vorbeikommt, oder auf dem Marsche. Bisweilen sieht er nach, was sie zu kochen haben, kümmert sich um ihre kleinen Bedürfnisse, tut sein Möglichstes, um ihnen das Leben zu erleichtern, und erspart ihnen unnötige Anstrengungen.« Und so hat es sich auch so mancher heutige Chef zur Angewohnheit gemacht, mit seiner Belegschaft das eine oder andere sommerliche Grillfest zu veranstalten. Wie sagte Novalis so schön: »Das gemeinschaftliche Essen ist eine sinnbildliche Handlung der Vereinigung.« Und auch Shakespeare lobt das gemeinsame Mahl: »Satt essen kann sich jeglicher zu Hause, geselliges Vergnügen, munteres Gespräch muss einem Festmahl Würze geben.« Nicht selten lassen sich bei einem solchen munteren Gespräch in entspannter Atmosphäre Fragen klären, die anzusprechen einem im Arbeitsalltag niemals einfallen würde.

Eine solche Nähe zu den Mitarbeitern bringt einem Manager Sympathien ein – und einem sympathischen Menschen vertraut man sich im Allgemeinen eher an als einem Unbekannten. Der Manager muss menschlich sein – und auch menschlich reagieren. Jemand, der ohne mit der Wimper zu zucken verkündet, mehrere Hundert Stellen abbauen zu wollen, wird weder bei seinen (noch übrigen) Mitarbeitern noch in der Öffentlichkeit Applaus ernten. Ein Imageschaden ist vorprogrammiert.

Um die Chefs unters Volk zu bringen, lassen sich heutige Unternehmen einiges einfallen. So hat die Zeitschrift »Junge Karriere« im Jahr 2005 die Aktion »Chef zu gewinnen« ins Leben gerufen, die nun jährlich stattfindet. Jeweils einen Tag verbringen die »gewonnenen« Topmanager in der Schule der Gewinnerklasse und stehen den angehenden Abiturienten mit Karrieretipps aus erster Hand Rede und Antwort. Aktuell sind folgende Führungskräfte zu »gewinnen«: Alan Hippe, Finanzvorstand Continental AG, Margret Suckale, Personalvorstand Deutsche Bahn AG, Felix Klinger, Leiter der Steuerabteilung Frankfurt bei Ernst & Young, Karen Heumann, Vorstandsmitglied der Werbeagentur Jung von Matt, Thomas Middelhoff, Vorstandsvorsitzender Karstadt-Quelle AG (künftig Arcandor AG), Hans-Joachim Körber, Vorstandsvorsitzender Metro Group, Dietmar Binkowska, Vorstandsvorsitzender Sparkasse KölnBonn,

Herbert Haas, Vorstandsvorsitzender Talanx AG, und Stefan von Holtzbrinck, Vorsitzender der Geschäftsführung Verlagsgruppe Georg von Holtzbrinck.

Doch auch ohne solche Aktionen haben schon viele Chefs entdeckt, dass es sich lohnt, Kontakt zur Basis aufzunehmen beziehungsweise zu halten. Beispielsweise steht beim CEO von Air Berlin, Joachim Hunold, die Tür stets offen und er ist für alle der »Achim«, selbst für die Lehrlinge. Und bei Betriebsfesten sieht man ihn am Zapfhahn stehen und sich gesellig unterhalten. Sich »unters Volk zu mischen« hat den großen Vorteil, dass man aus erster Hand erfährt, wo der Schuh drückt, und nicht erst umständliche Berichte studieren muss.

Eine solche Einstellung bedeutet auch, dass der Manager bzw. der König bereit sein muss, seine eigenen Interessen hinter denen seiner Untergebenen zurückzustellen. So ließ Friedrich auch gleich nach seiner Thronbesteigung seinen Ministern gegenüber verlauten: »Ob wir euch gleich sehr danken wollen für die Dienste, welche ihr Unseres Höchstgeliebtesten Herrn Vaters Majestät erwiesen habet, so ist doch ferner Unsere Meinung nicht, daß ihr Uns künftig bereichern und Unsere armen Untertanen unterdrücken solltet, sondern ihr sollt bemüht sein, vermöge gegenwärtigen Befehls, mit ebenso vieler Sorgfalt für das Beste des Landes als für Unser Bestes zu wachen, um so viel mehr, da Wir keinen Unterschied wissen wollen zwischen Unserm eigenen besonderen und des Landes Vorteil, und ihr diesen sowohl als jenen in allen Dingen vor Augen haben müsset; ja des Landes Vorteil muß den Vorzug vor Unserm eigenen besonderen haben, wenn sich beide nicht miteinander vertragen.« Das ist für heutige Manager wahrscheinlich eine sehr ungewohnte Sichtweise: Alles zum Wohl des Unternehmens – das Wohl des Managers muss dahinter zurückstehen. Oft sind Managerpersönlichkeiten vor der Konzentration auf sich und ihr Fortkommen nicht ganz gefeit – da lohnt es sich doch, einmal die Perspektive zu wechseln und auch Entscheidungen mitzutragen, die dem Unternehmen gut tun, auch wenn sie für den Geschäftsführer mit Mühe und vielleicht unangenehmen persönlichen Konsequenzen verbunden sind.

Was man Friedrich aber im Vergleich zu so manchem heutigen Manager zugute halten muss, ist, dass er selbst immer an vorderster Front mitkämpfte und sein Leben ebenso aufs Spiel setzte wie das seiner Soldaten und Offiziere. So wurde er in der Schlacht bei Torgau am 3. November 1760 tatsächlich von einer Kugel getroffen und fiel bewusstlos vom Pferd. Hier ging es eben nicht »nur« um Arbeitsplätze, hier ging es um Leben und Tod. Während heutige Führungskräfte durch ihre Abfindungen weich fallen, selbst wenn sie die folgenschwersten Fehlentscheidungen treffen, hatte Friedrich stets auch den eigenen Tod vor Augen. Den konnte man nicht in Watte polstern.

Dieses Mitkämpfen an vorderster Front brachte ihm entscheidende Vorteile: Erstens wirkte es auf die Truppen durchaus motivierend, dass der König mitten unter ihnen denselben Gefahren ausgesetzt war wie sie. In persönlichen Gesprächen konnte er sie zudem von den Zielen seiner Kriegführung überzeugen und mitreißen. Zweitens verschaffte ihm seine persönliche Anwesenheit einen taktischen Vorteil: Er konnte spontan reagieren und musste nicht erst Rücksprache mit seiner Residenz halten. Es war der »kurze Dienstweg«, der ihn in die Lage versetzte, riskante Manöver zu tätigen und seine Gegner zu überraschen. Folge war, dass er als unberechenbar und skrupellos und damit als gefährlich wahrgenommen wurde.

Wenn Friedrich sah, dass es irgendwo hakte, zögerte er nicht, selbst einzugreifen – sehr zum Leidwesen derer, die eigentlich die Verantwortung hatten. Einer von ihnen war sein – sehr fähiger – Bruder Heinrich, der sich dann auch entsprechend bei Friedrich beschwerte. Doch der Preußenkönig ließ diese Beschwerde nicht gelten: »Mein Herr Bruder! Ich habe es für gut befunden, Ordnung in Dein Regiment zu bringen, da es zu verlottern drohte. Ich bin Dir für meine Handlungen keine Rechenschaft schuldig. Habe ich Änderungen vorgenommen, so waren sie am Platze. Du hättest Ursache, in Deiner Führung viel zu ändern; aber ich behalte mir vor, ein anderes Mal darauf zurückzukommen. Für heute habe ich Dir nicht mehr zu sagen.« Hier tritt wieder die große Schwäche Friedrichs zutage: sein mangelndes Vertrauen in die Kompetenz anderer und damit einhergehend seine fehlende Delegationsfähigkeit.

In diesem Zusammenhang muss man auch die folgende Aussage Friedrichs sehen: »Die Menschen verwachsen innerlich mit dem, was ihnen gehört. Der Staat gehört den Ministern nicht; sein Wohlergehen liegt ihnen also nicht wahrhaft am Herzen.« Das wirft die weitere Frage auf, ob angestellte Manager einem Unternehmen überhaupt zum Segen gereichen können. Sind die Eigentümer eines Unternehmens grundsätzlich besser zu dessen Führung geeignet? Wenn man den Aussagen des

Managers der Fondsgesellschaft Frankfurt-Trust, Friedrich Diel, Glauben schenken darf, so erzielen eigentümergeführte Unternehmen deutlich höhere Renditen als solche mit angestellten Managern. Dies liegt nach seiner Ansicht daran, dass Eigentümer die Folgen ihrer Entscheidungen unmittelbar am eigenen Leib spüren und daher nicht so sehr Gefahr laufen, am Wohl des Unternehmens vorbei zu entscheiden. Ihnen kommt es nicht auf die kurzfristige Rendite, sondern auf den langfristigen Unternehmenserfolg an. Außerdem können sie – wie seinerzeit Friedrich – flexibel handeln und müssen nicht erst zahlreiche Sitzungsmarathons durchlaufen bzw. festgelegte, langwierige Entscheidungswege einhalten.

Doch ob nun mitarbeitergeführt oder nicht – überall »menschelt« es. Dies wusste auch Friedrich und war sich der Folgen durchaus bewusst: »Ferner bringt das persönliche Interesse der Minister und Generale es gemeiniglich mit sich, dass sie in allem einander entgegenarbeiten und manches Mal die Ausführung des besten Beschlusses verhindern, bloß weil sie ihn nicht selber angeregt haben.« Ein Unternehmen wie auch ein Staat wird manchmal nicht nach den besten Grundsätzen und mithilfe der besten Entscheidungen geführt – da ist viel politisches, unternehmerisches und zwischenmenschliches Taktieren dabei. Und persönliche Empfindlichkeiten können gute Entscheidungen ausbremsen.

Das heutige Bild eines Managers ist oft negativ geprägt. Da ist von überzogenen Gehältern und verantwortungsloser Unternehmensführung die Rede. Doch ist dieses negative Bild keineswegs neu. Schon zu Friedrichs Zeiten gab es negative Presse für die Chefs. In seinen »Generalprinzipien des Krieges« schreibt der Preußenkönig: »Heerführer sind mehr zu beklagen, als man meint. Jedermann verurteilt sie, ohne sie zu hören. Die Zeitungen geben sie dem Spott der Welt preis, und unter Tausenden, die sie verdammen, versteht vielleicht nicht einer so viel, um das geringste Detachement zu führen.« Ersetzt man hier die »Heerführer« durch »Manager« und »das geringste Detachement« durch »die kleinste Abteilung«, könnte diese Klage direkt aus der heutigen Wirtschaftswelt stammen.

Ein wichtiger Punkt waren für Friedrich immer solide Finanzen. Dabei war ihm jegliche Ausbeutung des Volkes zuwider; vielmehr kam es ihm auf gutes Haushalten an, insbesondere auch von Seiten des Königs: »Sparsamkeit des Herrschers ist umso wertvoller für das Gemeinwohl, als alle Lasten auf seine Untertanen zurückfallen, wenn nicht genügende Mittel vorhanden bleiben, um ohne außerordentliche Steuerauflagen Kriegskosten zu bezahlen oder um den Bürgern bei allgemeiner Notlage Unterstützung zu bieten. Und gerade in unglücklichen Zeitläuften finden die Untertanen ja selber keinen Verdienst und sind nur zu sehr auf Beistand von oben angewiesen.« Friedrich spricht hier wichtige Eigenschaften an, die auch Managern gut zu Gesicht stehen: das Verantwortungsgefühl für die eigenen Mitarbeiter und die Vorbildfunktion. Ein Manager wirkt wenig glaubwürdig, wenn er sich jährlich das Gehalt um zweistellige Prozentwerte erhöht, aber jede Gehaltserhöhung für seine Mitarbeiter abschmettert. Er sollte sich – bei allen wirtschaftlichen Überlegungen – vor Augen halten, dass er auch eine gesellschaftliche Verantwortung hat und dass bei Massenentlassungen unter Umständen der Staat für den Lebensunterhalt seiner ehemaligen Mitarbeiter aufkommen muss.

Friedrich räumt allerdings ein, dass er nicht jede finanzielle Belastung von den Schultern seines Volkes nehmen kann und dass es ohne Steuern nun einmal nicht gehe. Aber: »Die große Kunst besteht nun darin, diese Summen zu erheben, ohne die Staatsbürger zu bedrücken.« – »Soll ein Land sich in blühendem Gedeihen erhalten, so ist es unbedingt notwendig, dass die Handelsbilanz günstig stehe; wenn es mehr für die Einfuhr bezahlt, als es an der Ausfuhr verdient, so muss es unfehlbar von Jahr zu Jahr ärmer werden. Die Mittel, solchem Schaden vorzubeugen, sind folgende: Verarbeitung aller Rohstoffe, die man besitzt, Bearbeitung der fremdländischen Stoffe, um dem eigenen Land den Werklohn zuzuwenden, und billiges Arbeiten, um sich Absatz nach dem Ausland zu schaffen.« Das klingt doch wieder sehr modern: bestmögliche Nutzung der heimischen Rohstoffe und Einfuhr von Rohstoffen aus dem Ausland, falls sie dort günstiger zu erhalten oder im eigenen Land nicht zu bekommen sind. Interessant ist der Gedanke, die Verarbeitung im eigenen Land vorzunehmen: Nachdem viele Firmen in den letzten Jahren ihre Produktion ins Ausland verlagert haben, stellen einige heute fest, dass sie doch lieber wieder im Inland fertigen lassen – sei es, weil die Produktivität hier zum Teil um ein Vielfaches höher liegt, sei es aus Qualitätsgesichtspunkten. Dass die inländische Arbeit günstig sein muss, ist ebenfalls heute immer wieder zu hören – hier sei nur auf das leidige Thema der hiesigen hohen Lohnnebenkosten hingewiesen.

Friedrich betont außerdem, es müsse Sorge dafür getragen werden, dass das Land gut bestellt ist und aller ertragsfähige Boden urbar gemacht wird. Auch eine sorgfältige Bestandsaufnahme ist wichtig. Es ist »genau festzustellen, wie viel Scheffel der verschiedenen Getreidearten in guten, mittelmäßigen und schlechten Jahrgängen geerntet werden. Davon muss man den Verbrauch abziehen und hieraus ermitteln, wie viel überflüssig ist und also ausgeführt werden darf, oder was zur Verbrauchsmenge noch fehlt und demnach beschafft werden muss. Jeder Herrscher, dem das Gemeinwohl am Herzen liegt, ist verpflichtet, sich mit wohlversorgten Magazinen zu versehen, um Missernten auszugleichen und der Hungersnot vorzubeugen.« Friedrich beschwört hier also den vorausschauend denkenden Staatslenker – auch Unternehmer müssen natürlich gut kalkulieren, welche Rohstoffe am Markt zu welchen Zeiten günstig zu bekommen sind, welche Lagerbestände notwendig sind und wie sie am besten für das weitere Wohlergehen des Unternehmens und der Mitarbeiter sorgen können.

10
Charisma statt Prunk
Friedrichs Auftreten als Souverän

Kleider machen Leute – für sehr viele Menschen und für sehr viele Branchen gilt dieser Spruch. Ein Bankdirektor, der in Jeans und Turnschuhen erscheint, wirkt gegenüber seinen Mitmenschen kaum glaub- und vertrauenswürdig. Auch die meisten Topmanager treten üblicherweise im feinen Zwirn auf. Doch dann gibt es auch noch andere, beispielsweise Bill Gates – oder eben den Preußenkönig Friedrich den Großen.

Dass Friedrich jeglichen Prunk verabscheute, ist bekannt. Seine Kleidung bestand stets aus Armeeuniform und Dreispitz und wurde nur sehr unregelmäßig gewaschen oder gewechselt. Flecken und abgewetzte Stellen wurden in Kauf genommen. Das Aussehen des alten Königs war armselig, teilweise verwahrlost. Der preußische General Ludwig von der Marwitz beschrieb das Äußere des Alten Fritz: »Die weiße Generalsfeder im Hut war zerrissen und schmutzig, die einfache blaue Montierung mit roten Aufschlägen, Kragen und goldenem Achselband alt und bestaubt, die gelbe Weste voll Tabak.«

Die Historikerin Ina-Ulrike Paul kommentiert eine derartige Haltung so: »Wenn Sie überlegen, dass König Friedrich der Große von Preußen eben aus Bescheidenheit, vielleicht auch aus Gleichgültigkeit den Konventionen gegenüber in einer ganz schlechten Uniform herumlief, so dass jeder seiner Generäle wie ein Operettengeneral aussah, wenn er die entsprechenden Tressen und Litzen und goldenen Dinge an sich hängen hatte, dann ist das vielleicht eine Art von vorgelebter Bescheidenheit von oben, und Friedrich wollte damit demonstrieren, dass er eben nicht nur der erste Diener seines Staates sei, sondern dass er auch alle anderen Werte anders definierte, als es die Fürsten des Ancien Regime sonst zu tun gewohnt waren.«

Für moderne Manager kann das mangelnde Modebewusstsein Friedrichs natürlich kaum als Vorbild dienen. Tatsächlich diagnostiziert Tom Reimer, Modedesigner in Hamburg, auch bei deutschen Managern ein mangelhaftes Auftreten: »Jede Form von Nachlässigkeit ist eine potenzielle Fehlerquelle. Dabei gibt nicht unbedingt die Preisklasse des Anzugs den Ausschlag. Es geht los bei der richtigen Auswahl von Hemden, Krawatten und Schuhen. Hierzulande wird meist das Kind mit dem Bade ausgeschüttet. Billige Schuhe werden mit Themenkrawatten kombiniert. Wenn dann noch ein kariertes Hemd angelegt wird, kann man schon mal einen Blutsturz kriegen. Da tauchen die abenteuerlichsten Kombinationen auf.« Zum Glück ist aber guter Stil erlernbar: »Natürlich kann man das richtige Gespür erlernen. In Deutschland hört man so etwas natürlich nicht gern. Hier ist man gleich ein eitler Gockel, wenn die Bekleidung stimmt. Im Zweifelsfall gilt aber: Weniger ist mehr. Laien sollten nicht gleich Gas geben, was die Gestaltung angeht. Also nicht mit bunten Krawatten oder Hemden experimentieren. Die meisten Leute meinen, sie müssten etwas Witziges machen. Nach dem Motto: Ich habe einen grauen Anzug an, da muss jetzt eine bunte Krawatte drauf. Solche Experimente gehen meist daneben.« Freilich räumt auch der Modedesigner ein: »Entscheidend ist das Äußere im Zweifelsfall nicht. Aber die Kleidung ist eine Visitenkarte. Wer nur gut angezogen ist und sonst nichts im Kopf hat, hat sicher keine Chance. Umgekehrt lässt sich schlechte Kleidung auch kraft des Intellekts kaschieren. Warum aber nicht die Kombination von beidem suchen?« Und er plädiert für die sorgfältige Auswahl der Kleidung, denn dies kann den Managern sehr nützen: »Ihr Auftreten ist sicherer, wenn sie wissen, dass sie keine schlechte Figur machen. Das ist ein Beweggrund meiner Kunden, zu mir zu kommen und sich von mir beraten zu lassen. Gute Kleidung ist aus meiner Sicht ein Zeichen von Professionalität.«

Führungskräfte müssen aber nicht nur ein Gespür für ein auch modisch professionelles Auftreten entwickeln – sie müssen auch wissen, was zu dem Unternehmen passt, in dem sie arbeiten, und zu den Produkten, für die sie und die Firma stehen: »Es hängt immer von der jeweiligen Branche und auch vom Firmenimage ab, wie man sich kleiden sollte«, sagt Brigitte Ruhleder, Etikette-Expertin und Leiterin eines Management-Instituts in Bad Harzburg. »Für Architekten gelten ganz andere Regeln als für Banker.« Wer viel Kundenkontakt hat, sollte sich Gedanken darüber machen, ob das eigene Auftreten nicht im Widerspruch zu dem steht, was man verkaufen will: »Konservative Nadelstreifen passen nicht zu innovativen Produkten«, warnt Ruhleder.

Die Rolle guter Kleidung wird manchmal unterschätzt. Wie jemand auf andere wirkt, was er damit signalisiert, wird nicht zuletzt durch den Kleidungsstil bestimmt: »Warum heißt die Firma wohl ›Boss‹?«, fragt Jürgen Hesse, Karriereberater in Berlin. »Nachtportiers tragen so etwas nicht.« Durch die sorgfältige Auswahl der Kleidung kann man nach außen – und auch dem Vorgesetzten – demonstrieren, dass man sich und seine Arbeit ernst nimmt und auch weiterkommen will. »Die Kleidung ist immer auch eine Bewerbungshilfe für den nächsten Job«, sagt Hans-Michael Klein, Autor und Benimm-Experte aus Essen.

Allerdings bleibt ein wichtiger Faktor bei allen Überlegungen: Sich selbst treu zu bleiben ist immens wichtig. Nichts ist verwirrender für das Gegenüber als ein Mensch, der vollkommen verkleidet wirkt. Aus einem sportlichen Jeansträger kann man eben keinen überzeugenden Chef im Maßanzug machen – hier gehen jegliche Authentizität und Glaubwürdigkeit verloren, oder um mit Oscar Wilde zu sprechen: »Natürlichkeit ist die schwierigste Pose, die man einnehmen kann.« Und Jutta Limbach, ehemals oberste Verfassungsrichterin und Präsidentin des Goethe-Instituts, meint zum Thema Bescheidenheit und Authentizität: »Die Kunst der Bescheidenheit verlangt, dass man sein Gegenüber ernst nimmt und nicht bevormundet und dass man sich darstellt als das, was man ist, ohne aufzutrumpfen und andere in den Hintergrund zu drängen.«

Friedrich muss seine Bescheidenheit auch von seinem Vater geerbt haben. Allerdings ging dessen »Bescheidenheit« bis zu bösartigem Geiz. Friedrichs Schwester Wilhelmine, zu der er ein sehr inniges Verhältnis hatte, erinnert sich an den tyrannischen Vater: »Den ganzen

Tag gab es nur Zank und Ärger. Der König ließ meinen Bruder und mich beinahe Hungers sterben. Er verwaltete selbst das Amt des Tranchiermeisters; er servierte allen, nur uns beiden nicht; und wenn zufällig auf der Platte etwas übrig blieb, spie er hinein, um uns das Essen zu verleiden. Stattdessen wurde ich mit Schmähworten und Beschimpfungen gespeist, denn es wurden mir den Tag über alle erdenklichen Benennungen zuteil, und noch dazu vor allen Leuten. Der Zorn des Königs ging sogar so weit, dass er meinen Bruder und mich davonjagte und uns streng gebot, nur noch zu den Mahlzeiten vor ihm zu erscheinen.« Friedrich selbst war hin und her gerissen zwischen der Bewunderung für seinen strengen und sparsamen Vater, aber auch Hass auf einen unerbittlichen Despoten: »Welch schrecklicher Mann, aber auch welch gerechter, kluger und sachkundiger Mann! Nur durch seine Sorgen, seine unermüdliche Arbeit, seine von peinlichster Gerechtigkeit erfüllte Politik, seine große und bewundernswürdige Sparsamkeit und die strenge Mannszucht, die er in dem von ihm geschaffenen Heere einführte, nur dadurch sind meine bisherigen Leistungen ermöglicht worden.« Wer eine Kindheit und Jugend, die durch die Tyrannei des Vaters geprägt ist, zu erleiden hat, wird vielleicht auch bescheiden in seinen Ansprüchen.

Wie weit Friedrichs Anspruchslosigkeit reichte, zeigt die Einrichtung des königlichen Schlafzimmers schon bald nach seinem Regierungsantritt: Dort, wo – gut geschützt durch Vorhänge – ein prachtvolles Bett stehen sollte, befand sich ein Bücherschrank und dahinter ein schlichter Wandschirm, der ein einfaches Feldbett mit dünner Matratze verbarg. Bescheidenheit ist mit Sicherheit manchmal eine Zier, aber einem erfolgreichen Manager wäre auch ein Bett zu gönnen, das ihn gut schlafen und ausgeruht in den nächsten Arbeitstag gehen lässt.

Auch die traditionelle Stellung des Königs im Kirchengebet missfiel Friedrich zutiefst. Dort hieß es: »Insonderheit laß dir, o Gott, empfohlen sein Ihro Majestät, unsern teuersten König!« Als er dann König war, ließ er den Text ändern. Von da an lautete er: »Insonderheit laß dir, o Gott, empfohlen sein deinen Knecht, unseren König!«

Friedrich war außerdem sehr darauf bedacht, Leistung über Reichtum zu stellen: »Noch ein bedeutsamer Punkt darf nicht außer Acht gelassen werden; seine Vernachlässigung brächte den guten Sitten einen nicht wieder gutzumachenden Schaden. Das geschieht nämlich, wenn der Fürst Personen allzu sehr auszeichnet, die kein Verdienst haben, aber große Reichtümer besitzen. So übel angebrachte Ehrenbezeugungen bestärken die Allgemeinheit in dem volkstümlichen Vorurteil, reich sein genüge, um angesehen zu sein. Eigennutz und Begehrlichkeit sprengen dann die Fessel, die sie noch hielt. Jeder will Reichtümer anhäufen. Sie zu erwerben, werden die rechtswidrigsten Mittel angewandt. Die Korruption greift um sich, schlägt Wurzeln und wird allgemein. Die Talente, die sittenreinen Leute werden missachtet, und die Welt ehrt nur die Bastarde des Midas, die mit ihrem reichlichen Geldausgeben, ihrem Prunk sie blenden. Um zu verhindern, dass die nationale Sittlichkeit so scheußlich entarte, muss der Fürst ohne Unterlass darauf bedacht sein, nur das persönliche Verdienst auszuzeichnen und dem üppigen Reichtum ohne Sitte und Tugend nur Verachtung zu zeigen.« Freilich, große Unternehmen sollten in keinem Fall durch Bestechungsskandale unangenehm auffallen, wie das in letzter Zeit leider häufiger der Fall war. Aber auch auf einer anderen Ebene kann man von Friedrich hier etwas lernen: Die Leistung der Mitarbeiter sollte in jedem Fall über das – vielleicht »prunkvolle« – Auftreten gestellt werden. »Prunkvoll« bedeutet in diesem Zusammenhang natürlich weniger, dass sich ein Mitarbeiter vielleicht in der Sänfte, pardon: im neuesten BMW zur Arbeit bringen lässt, als vielmehr, dass er unter Umständen durch ein allzu geschniegeltes Auftreten, gepaart mit der Fähigkeit, zu jedem Sachverhalt seine Meinung kundzutun, auffällt. Positiv formuliert bedeutet das vielleicht, dass der Mitarbeiter ein Kommunikationstalent ist – negativ formuliert kann sich dahinter aber auch ein »Dampfplauderer« verbergen, der nur heiße Luft fabriziert.

Wer sich auf mittlere Führungspositionen bewirbt, muss sich häufig den Freuden eines Assessment-Centers unterziehen. Doch jüngste Untersuchungen zeigen, dass die Tests, denen Bewerber in Deutschland innerhalb eines solchen Assessment-Centers unterzogen werden, von zweifelhafter Aussagekraft sind. Im Januar 2008 titelte die Süddeutsche Zeitung in diesem Zusammenhang »Schwätzer bevorzugt« und brachte die Krux derartiger Tests auf den Punkt: Wer sich in Rollenspielen und Diskussionen durch eine große Zahl an Äußerungen und angelesene Floskeln, die in jedem Handbuch für den angehenden Manager nachzulesen sind, hervortut, hat häufig gewonnen. Eine leidgeprüfte Teilnehmerin an einem Assessment-Center berichtet zum Beispiel: »Schon nach wenigen Minuten wurde mir klar, dass sich alle mit der gleichen Standardliteratur für den Managementnachwuchs vorbereitet hatten. So sollte die mit wichtiger Miene vorgebrachte erste Wortmeldung eines Mitbewerbers – ›Ich schlage vor, wir lesen uns das jetzt alle erst mal durch!‹ – wohl seine Führungskompetenz beweisen. Teamfähigkeit stellten sie unter Beweis, indem sie Beiträge der anderen grundsätzlich mit Bemerkungen wie ›Ein außerordentlich wichtiger Aspekt!‹ oder ›Ein interessanter Gesichtspunkt!‹ quittierten. Gerade die beiden Teilnehmer, die mir vorher durch besonders überhebliches Auftreten aufgefallen waren, verliehen sich nun durch die inflationäre Verwendung solcher Floskeln den Anstrich sozialer Kompetenz.«

Dass neben dieser Bühne für die eigene Profilierung in einem Assessment-Center auch Leistungstests vorkommen sollten, ist in Deutschland allem Anschein nach wenig bekannt. Nach Angaben des Psychologen Martin Kersting von der RWTH Aachen wird nicht einmal in 30 Prozent der Unternehmen auch die Leistung getestet. Der Arbeits- und Organisationspsychologe Heinz Schuler von der Universität Hohenheim geht davon aus, dass die Quote sogar nur bei zwei Prozent liegt. So sind Assessment Center häufig nichts weiter als mehrtägige Übungen in verbaler Verausgabung ohne diagnostischen Wert und Erkenntnisgewinn. Laut Rüdiger Hossiep, Testentwickler an der Universität Bochum, begünstigt ein Assessment-Center, bei dem weder Intelligenz noch Leistung gemessen werden, »angepasste Schönredner«. »Wenn jemand sprachlich nicht so versiert ist, wird es schwer«, bestätigt auch der Berliner Psychologe Thomas Zachar. Und so kommt Schuler zu dem Ergebnis: »Ein

Auswahlgespräch mit potenziellen Mitarbeitern ist wesentlich billiger und hat einen vergleichbaren Nutzen.« Und wenn dem Kandidaten hier in puncto Leistung und Intelligenz auf den Zahn gefühlt wird, ist das aussagekräftiger als ein mehrtätiges und für die Firmen teures Assessment-Center.

Diese Erkenntnis ist keinesfalls neu: Bereits vor zehn Jahren wurden zahlreiche Studien durch die Psychologen John Hunter und Frank Schmidt einer Metaanalyse unterzogen. Das Ergebnis war eine Liste der besten Auswahlverfahren. Wenig überraschend: Intelligenz- und Leistungstests waren am aussagekräftigsten. Doch derart valide Verfahren sind in Deutschland nicht beliebt – deutsche Unternehmen scheuen Auswahlverfahren, die methodisch abgesichert sind, wie der Teufel das Weihwasser.

Für Bewerber gilt in deutschen Assessment-Centern meist: Schweigen ist Silber, Reden ist Gold. Wer viel redet, wird als selbstbewusst wahrgenommen. Und Selbstbewusste werden eher eingestellt als Schüchterne. Doch nicht alle Menschen sind in der Lage, ohne Punkt und Komma zu reden. Vor allem sprechen sie nicht genug über sich selbst, wie sich aus Experimenten der Psychologin Monika Sieverding von der Universität Heidelberg ergibt. Bekommt ein Bewerber die Aufgabe, sich fünf Minuten lang vorzustellen, fällt ihm meist nach drei Minuten nichts mehr ein. Damit verschenkt er zwei Minuten für Werbung in eigener Sache. Personaler tun sich schwer mit solchen Bewerbern. Ein freundlich lächelnder Kandidat, der seine Sache selbstbewusst und ausführlich vertritt, kommt bei ihnen meist besser an.

Eine aktuelle Umfrage der Freiburger Personalberatung Saaman unter 300 Führungskräften bei Großunternehmen und Mittelständlern ergab darüber hinaus, dass gerade bei der Besetzung der Stellen für die oberste Hierarchieebene ebenfalls oft nicht die Qualifikation und Leistung zählen, sondern eher, ob die Bewerber dem Entscheidungsträger sympathisch erscheinen. Die Personalberatung kam zu dem Ergebnis, dass bei der Auswahl eher Persönlichkeit und Kommunikationsfähigkeiten als Fachwissen und Ideen für den künftigen Job zählen. Und so kann die Auswahl, die mehr dem Bauchgefühl als den Fakten folgt, verheerende Folgen haben: »Die Fehlerquote bei Einstellungen ist groß, der Schaden oft enorm, selbst wenn die Fehler nach einer gewissen Zeit korrigiert werden.«

»Eitelkeit« und »Prunksucht«, was die eigene Person angeht und wie sie in vielen Bewerbungsgesprächen und Assessment-Centern zur Schau gestellt werden, lagen Friedrich fern. Noch in seinem Testament schrieb er: »Der Zufall, der über dem Menschengeschick waltet, entscheidet über die Erstgeburt. Aber deshalb, weil man König ist, ist man noch nicht besser als die anderen.«

Auch was seine Bauten anging, war Friedrich im Vergleich zu anderen Monarchen eher bescheiden. Am 13. Januar 1745 verfügte er in einer Kabinettorder den Bau eines »Lust-Hauses zu Potsdam«. Friedrich fertigte Skizzen an, auf deren Grundlage sein Architekt Georg Wenzeslaus von Knobelsdorff erste Entwürfe ausarbeitete. Aber diese waren Friedrich bereits zu protzig: Knobelsdorff hatte vorgeschlagen, das Gebäude durch ein Sockelgeschoss zu erhöhen, zu unterkellern und an den

Rand der obersten Terrasse zu stellen – allein mit dem Zweck, dem Gebäude vom Parterre aus gesehen eine bessere Wirkung zu verleihen. Friedrich aber wünschte kein repräsentatives Gebäude, sondern ein Rokoko-Schloss, in das er sich zurückziehen konnte und das nur seine privaten Bedürfnisse befriedigte. Er wollte einen ebenerdigen Bau, dessen Sockel der Berg war, eine »maison de plaisance«, ohne zahllose Stufen, damit man von innen direkt auf eine großzügige Terrasse und von dort in den Garten gelangen konnte – also eine enge Verbindung von Wohnraum und freier Natur.

Sanssouci war Friedrichs Rückzugsort. Dort komponierte, musizierte und philosophierte er. Er regierte sein Land diszipliniert und lebte bescheiden ohne Prunk. Im Alter steigerte sich seine Bescheidenheit fast bis zum Geiz. Zu seinen Lebzeiten ließ Friedrich der Große an der Außenfassade keine und in den Innenräumen nur mit Widerwillen Reparaturen vornehmen. Er war der Auffassung: »Es soll nur bei meinem Leben dauern.«

An Friedrich könnte sich so manche Bank oder Versicherung ein Beispiel nehmen. Nicht selten stehen kleine Sparer oder gesetzlich Krankenversicherte staunend bis fassungslos vor den neuesten Gebäuden »ihrer« Bank oder Versicherung – und beginnen langsam zu argwöhnen, ob ihre Krankenversicherungsbeiträge eher in solche Prunkbauten fließen als zum Erhalt ihrer Gesundheit beitragen. Und der kleine Sparer fragt sich, ob seine mühsam für die Altersvorsorge zurückgelegten Euros nicht doch etwas mehr Zinsen abwerfen könnten, wenn hier etwas bescheidener gebaut worden wäre. Gedanken, derer sich der gemeine Mensch auf der Straße nicht erwehren kann.

Friedrich ging da einen etwas anderen Weg: Weil er sich ja eher sehr geizig und sparsam gab, befahl er einfach den Reichen, Häuser zu bauen – zur Vergrößerung Berlins und zur Förderung der Wirtschaft.

In seinem »Antimachiavell« findet sich eine besonders aussagekräftige Passage zu Friedrichs Bescheidenheit: »Mir scheint, dass, wenn von der Geschichte des menschlichen Geistes die Rede ist, aller Unterschied des Standes und Ranges verschwindet. Die Könige sind nur Menschen, und alle Menschen sind gleich.« Dass sich diese Bescheidenheit auch mit einem gerüttelt Maß an Selbstironie verband, macht Friedrich noch sympathischer und zeigt, wie er mit seinem Charisma sein Volk mit den königlichen Eigenheiten versöhnen konnte. Eine Anekdote erzählt, dass nach der Einführung der »Kaffeeregie« 1781 das Volk im höchsten Maße über die Verteuerung seines Lieblingsgetränks aufgebracht war. Als der König eines Tages durch Berlin reitet, sieht er schon von Weitem, wie sich auf dem Werderschen Markt das Volk drängt. Er kommt näher und findet eine Karikatur von sich angeschlagen, wie er kläglich auf einem Fußschemel hockt, eine Kaffeemühle zwischen den Knien hält, mit der Rechten mahlt und mit der Linken gierig nach dem herausrieselnden Kaffeepulver greift. »Hängt es doch niedriger, dass die Leute sich nicht den Hals ausrecken!«, ruft der König. Riesiger Jubel, die Karikatur wird in tausend Fetzen gerissen, und von lauten Hochrufen begleitet reitet der König langsam von dannen.

11
Die besten Leute ins Boot holen
Friedrich und seine Personalstrategie

Die Firmen, die Human-Resources-Beratung anbieten, werden immer zahlreicher, denn immer deutlicher wird den Unternehmen die Bedeutung der Mitarbeiter. Mit ihnen steht und fällt alles. Rudolf Miele sagte einmal: »Es lohnt sich, wenn Mitarbeiter nicht als bloße Kostenfaktoren eingestuft werden, um nach Belieben hin- und hergeschoben und im Konfliktfall wegrationalisiert werden zu können.« Es lohnt sich auch nicht, ständig unprofitable Bereiche zu verkaufen und damit die Mitarbeiter – wie bei Siemens durch den Verkauf an BenQ geschehen – einer ungewissen Zukunft zu überlassen. Damit wird das Zugehörigkeitsgefühl zur Firma zerstört.

Wie wichtig die Human Resources sind – ob nun für einen Staat oder für ein Unternehmen –, war schon Friedrich bewusst. Und dass er nicht nur in seinem Heer, sondern auch im Handwerk und in der Landwirtschaft kompetente und tüchtige Leute brauchte, wusste er auch. Dies verschaffte ihm auch in skurrilen Situationen eine Argumentationshilfe. Als ihn einmal 2000 Bauern in Böhmen baten, ihre katholischen Kollegen erschlagen zu dürfen, argumentierte er nicht etwa mit dem Toleranzgebot, sondern er antwortete ihnen: »Die Erlaubnis kann ich euch aus zwei Gründen nicht geben. Erstens verstößt eure Forderung gegen das Gebot der christlichen Nächstenliebe; wenn ihr die Katholiken totschlagt, kommt ihr mit eurem Herrgott in Konflikt. Zweitens verstößt sie gegen den gesunden Menschenverstand. Die Preußen werden hier ihr Winterquartier aufschlagen, und die Bauern werden die Armee ernähren müssen. Das schafft ihr nie ohne die Katholiken; und dann kommt ihr mit mir in Konflikt!«

Friedrich scheute sich auch keineswegs, sich »Personal« von feindlichen »Unternehmen« einzuverleiben. So verteilte er 1756, nachdem die sächsische Armee bei Pirna kapituliert hatte, an die (bisher) feindlichen Soldaten Brot und ließ sie auf die preußische Fahne schwören. Nun gehorchten sie in preußischen Uniformen den Befehlen preußischer Offiziere. Doch war ihm auch bewusst, dass die Gefahr des Desertierens bei Soldaten bzw. Söldnern, die keinerlei Bindung an das Land hatten, besonders groß war. Um dies zu verhindern, ließ Friedrich seine Offiziere wissen, mussten die preußischen Truppen »mit größerer Sorgfalt unterhalten und besser ernährt werden als vielleicht alle übrigen Truppen Europas«. Friedrichs Incentives bestanden also aus einem bei aller Disziplin angenehmen Arbeitsklima und guter Verpflegung. Bei den Sachsen hat das allerdings nichts geholfen. Sie desertierten bei der ersten Gelegenheit zu den Österreichern.

Nicht zuletzt stammten auch viele der »Langen Kerls« – der Soldaten des traditionsreichen preußischen Garderegiments – aus dem europäischen Ausland. Schließlich war es damals nicht so einfach, im eigenen Land genug Männer zu finden, die über 1,88 Meter groß waren. Eines der

»Prachtexemplare« – ein langer Kerl par excellence – war seinerzeit der 2,17 Meter messende Ire James Kirkland. Doch die »Langen Kerls« waren vor allem die Lieblinge von Friedrichs Vater, während er selbst in der Körpergröße keinen besonderen Vorteil erkennen konnte.

Wenn gute Arbeitskräfte das Land verlassen wollten, schob Friedrich dem einen Riegel vor. Als das Generaldirektorium einmal für einen Weißgerber um Genehmigung bat, dass dieser außerhalb Preußens eine Meistertochter heiraten darf, erhielt die Behörde zur Antwort: »Das Direktorium soll Leute ins Land ziehen und nicht hinausschaffen. Das sind recht lächerliche Anfragen. Unterstehen Sie sich nicht, mit dergleichen wiederzukommen!«

Das Thema Mitarbeitergewinnung und -bindung ist heute aktueller denn je. Zwar lassen die hohen Arbeitslosenzahlen vermuten, dass es genügend Arbeitskräfte gibt. Das Problem ist nur, dass vor allem qualifiziertes Personal gesucht wird und die Arbeitssuchenden genau diese Qualifikationen oft nicht mitbringen. Besonders hoch ist die Nachfrage im Bereich Maschinen- und Anlagenbau, im Automobil- und Fahrzeugbau, in der IT und im Finanzsektor – und das gilt keineswegs nur für Führungskräfte. Daher hat die Headhunter-Branche Hochkonjunktur. Immer häufiger müssen Unternehmen befürchten, dass ihre fähigsten Leute abgeworben werden.

So lassen sie sich einiges einfallen, um ihre Mitarbeiter zu halten. Gehaltssteigerungen und Prämien, Unternehmensbeteiligungen oder auch Alumni-Netzwerke zur Rückgewinnung von Mitarbeitern, die das Unternehmen bereits verlassen haben – das Spektrum der Maßnahmen ist breit. Auch flexible Arbeitszeitmodelle

(Stichwort »Work-Life-Balance«) gehören dazu – ein gutes Beispiel dafür ist SAP. Hier hat sich in den letzten Jahren einiges getan: In manchen Firmen gibt es langfristige Arbeitszeitkonten, auf denen Überstunden gesammelt oder Boni in Zeit umgerechnet und ebenfalls dort »verbucht« werden können. Auch die Möglichkeit, ein Sabbatjahr einzulegen, wird von manchen Firmen gewährt. Über solche Modelle können junge Väter zum Beispiel an ihre Elternzeit noch ein paar Monate anhängen, wenn sie genug »Freizeit« angesammelt haben. Und das Spektrum der Angebote durch die Unternehmen wird immer breiter: Mittlerweile gehören zu den Incentives, die Unternehmen ihren Mitarbeitern bieten, immer häufiger auch Outdoor-Seminare, Fitnessprogramme und vieles mehr.

Ein noch ausbaufähiger Bereich sind Teilzeitjobs für Männer. Hier hat sich die Wirtschaft noch nicht in genügendem Maß an die Wünsche der Mitarbeiter und die gesellschaftlichen Entwicklungen angepasst: Viele junge Väter würden heute gerne mehr Zeit mit ihren Kindern verbringen; Paare, bei denen Nachwuchs ansteht, wünschen sich, dass beide genauso an der Erziehungs- wie an der Erwerbsarbeit teilhaben können. Die Realität sieht dann allerdings oft anders aus, da manche Unternehmens- bzw. Personalchefs jegliche Wünsche nach Teilzeit abblocken. Aber was ist besser: einen motivierten und hoch qualifizierten Mitarbeiter zu behalten, der in der Zeit, in der er da ist, äußerst effektiv arbeitet, weil ihm die Arbeit Spaß macht und er genügend »freie« Zeit zum Entspannen und für die Familie hat, oder einen Mitarbeiter zu verlieren, weil er seine Vorstellung von einer idealen Lebensgestaltung in der Firma nicht verwirklichen kann und (innerlich) kündigt?

Bolko von Oetinger von der Boston Consulting Group äußerte sich zum Thema Mitarbeitergewinnung: »Ein Standort muss für Talente attraktiv sein: Freiräume (wenig Regeln), kulturelle Umfelder und andere Talente sind genauso wichtig, denn Talente ziehen wiederum Talente an.«

Friedrich wusste sehr wohl zwischen fähigem und unfähigem Personal zu unterscheiden. Er nahm längst nicht jeden in sein Offizierskorps auf. Wenn er erkannte, dass jemand nicht tauglich war, wies er ihn ohne viel Aufhebens ab. So lehnte er es beispielsweise ab, einen Grafensohn als Offizier in die Armee aufzunehmen, den seine Mutter mit Hilfe der militärischen Strenge vom Laster des Trinkens zu befreien hoffte.

Auch Friedrichs Siedlungspolitik entspricht dem Bemühen um die besten Kräfte im Land. »Der erste Grundsatz, der allgemeinste und wahrste ist der, dass die wahre Kraft eines Staates in einer hohen Volkszahl liegt. Um diesen Grundsatz in die Praxis zu übertragen, gibt es zwei Mittel: erstens alle anbaufähigen Ländereien urbar zu machen und Kolonisten anzusetzen; zweitens die Manufakturen zu vermehren. Ich habe beide Mittel angewandt und keine Kosten gescheut, um Dörfer längs der Oder, Netze und Warthe anzulegen, in Ostpreußen einen Sumpf zu entwässern und urbar zu machen, die meisten Vorwerke in Dörfer zu verwandeln, um eine große Zahl von Wollspinnern anzusiedeln, die auf dem platten Land fehlten.« Und so entstanden während der Regierungszeit Friedrichs im gesamten preußischen Staatsgebiet tatsächlich etwa 900 neue Dörfer und beinahe 60 000 neue Siedlungsstellen. Ungefähr 300 000 Menschen wurden ins Land geholt – eine erstaunliche Leistung, die letztlich allen Beteiligten zugute kam.

So wie heute die Manager von Firma zu Firma wandern, waren auch die militärischen Führungskräfte im 17./18. Jahrhundert nicht einer Armee verhaftet. Vielmehr zeichneten sie sich durch Internationalität aus und befehligten die Truppen mal des einen, mal des anderen Landes. Prinz Eugen von Savoyen war ein klassisches Beispiel. Ungeachtet seiner franco-italienischer Herkunft avancierte er zum großen österreichischen Feldherrn und galt als Erneuerer der Großmachtstellung Österreichs in Europa. Er war ein großes Vorbild für den jungen Kronprinzen Friedrich, der voller Begeisterung im Jahr 1734 als »Volontär« in Prinz Eugens Feldlager reiste – obwohl seine hohen Erwartungen auch letztendlich enttäuscht wurden. Denn Eugen war bereits ein alter Herr und taktierte in erster Linie defensiv.

Doch so üblich es war, gern gesehen wurde das Wechselspiel der Militärangehörigen nicht. Bereits Friedrich Wilhelm I. untersagte dieses Außerlandesgehen, und die Desertion wurde hart bestraft, bei Friedrich änderte sich daran nichts. Kampfkraft und Wissen sollten nicht dem Feind zugute kommen.

Aus naheliegenden Gründen hat sich diese Einstellung bis heute gehalten: Welches Unternehmen sieht schon gern sein Know-how abwandern? Auf der anderen Seite kann ein solcher Austausch freilich auch gewaltige Vorteile mit sich bringen. Und so nutzen viele Firmen die Gelegenheit, besonders ihre Nachwuchskräfte zu

Weiterbildungszwecken in andere, möglichst eigene ausländische Unternehmen zu schicken. Hier können die angehenden Führungskräfte Erfahrungen sammeln, sich Wissen aneignen und sich so optimal auf ihre künftigen Aufgaben vorbereiten.

Nicht nur Manager in spe wandern so von Land zu Land – auch im kulturellen oder wissenschaftlichen Sektor wird großer Wert auf regen Austausch gelegt. Auslandsschuljahre und -semester sind inzwischen fester Bestandteil der Bildungskultur. Universitäten bemühen sich um Gastdozenten, Konzerthäuser um Gastdirigenten, Unternehmen werben qualifizierte Mitarbeiter aus dem Ausland an. Jeder ist darum bemüht, die besten Leute an Land zu ziehen und so die eigene Leistung zu steigern. Natürlich bleibt es dabei nicht aus, dass die ursprünglich als Gäste in eine Institution Gekommenen sich schließlich dauerhaft dort niederlassen.

Austausch ist heute wichtiger denn je: Was wären international aktive Unternehmen ohne ihre Mitarbeiter und Berater vor Ort – ohne die Kenner des Landes und des lokalen Marktes, in dem eine weitere Filiale eröffnet werden soll, ohne sprachkundige Vermittler, ohne qualifiziertes Personal? So manches Unternehmen verlegt inzwischen seine Produktion ins Ausland, da dort bessere Ressourcen – nicht zuletzt auch besser ausgebildete Arbeitskräfte – zur Verfügung stehen. »Schwellenländer« wie Indien oder China haben in den letzten Jahrzehnten viel in die Ausbildung ihrer Bürger investiert. Indische Computerspezialisten gehören inzwischen zu den am besten ausgebildeten und gefragtesten der Branche. Die günstigeren Standortbedingungen kommen als Bonus hinzu. Ein gutes Unternehmen muss heutzutage sehr flexibel sein und darf keine Mühen scheuen, um an gutes Personal zu gelangen. Etwas flapsig ausgedrückt: Wenn der Prophet nicht zum Berg kommt, kommt der Berg eben zum Propheten – wenn qualifizierte Fachkräfte nur gewonnen werden können, wenn sie in ihrem Heimatland bleiben können, so muss halt das Unternehmen seinen Standort wechseln. Viele Unternehmen unterschätzen jedoch die damit verbundenen organisatorischen Probleme und die Auswirkungen kultureller Unterschiede.

Das war auch so beim Militär im 18. Jahrhundert. Ein Beispiel für internationale Karrieren war der Schotte Jacob von Keith, der gegen die Engländer kämpfte und fliehen musste. Er studierte in Frankreich Mathematik und Jura und trat dann in spanische Dienste. Als seine Karriere vom Übertritt in die katholische Kirche abhängig gemacht wurde, ging er nach Russland und wurde später unter Friedrich Generalfeldmarschall in preußischen Diensten. Gewandt, feinfühlig, vornehm und schlagfertig wurde er ein Freund des Königs. Er beherrschte neun Sprachen. Auf seine unverheiratete Lebensgefährtin angesprochen, antwortete er: »In ihrer Unschuld hat sie sich mir ergeben; da erachte ich mich für verbunden, sie nicht zu verlassen.« Eine moralische Auffassung, die bis zum Anfang des 20. Jahrhunderts nicht von vielen geteilt wurde!

Die moderne Zeit hat für das Problem der Abwanderung qualifizierter Arbeitskräfte einen sehr treffenden Begriff gefunden: »Brain Drain«. Und tatsächlich umschreibt er genau das, was geschieht, wenn Fachleute ihr Land – oder auch ihr Unternehmen – verlassen, um woanders zu arbeiten: Wissen fließt ab, gut ausgebildete und talentierte Menschen – meist Facharbeiter und Akademiker – wandern auf der Suche nach besseren Bedingungen ab. So klagt zum Beispiel gut ein Drittel der polnischen Unternehmen darüber, dass sie ihre Leistung in den letzten Jahren nicht hatten aufrechterhalten können, weil ihnen seit dem Beitritt Polens zur EU hoch qualifizierte Mitarbeiter verloren gingen und noch gehen.

ROMAG – ein in Westpolen ansässiger Betrieb, der technische Ausrüstungen für die Automobilindustrie entwickelt und fertigt – ist eines dieser Unternehmen. Mit der Öffnung des Arbeitsmarktes wanderten viele der Mitarbeiter in westliche Länder ab, nicht zuletzt wegen höherer Löhne und besserer Arbeitsbedingungen. Die Firma stand damit vor einem schwerwiegenden Problem: Wenn sie überleben wollte, mussten sich die Inhaber – Jaroslaw Wieczorek und Roman Gryzinski – dringend etwas einfallen lassen. Eine kurzfristige Lösung ließ sich nicht finden – es war einfach nicht möglich, genug qualifiziertes Personal im eigenen Land anzuwerben. Und da kam ihnen zu Ohren, dass in Pasewalk, einer deutschen Stadt ganz in der Nähe der polnischen Grenze, nahezu ideale Bedingungen herrschen sollten: Der rührige Bürgermeister – Rainer Dambach – warb für das Städtchen: mit Niedriglohnniveau, einer guten Infrastruktur und nicht zuletzt auch mit der Verfügbarkeit (arbeitsloser) hoch qualifizierter Arbeitskräfte. Das, dachten sich die beiden, war einen Versuch wert. Zwar stellte sich nach einer gezielten Anfrage bei der örtlichen Bundesagentur für Arbeit heraus, dass es hier doch nicht so viele Fachkräfte gab wie erwartet, aber auch hierfür fand sich eine Lösung: Das Arbeitsamt war in der Lage, ein Schulungsprogramm anzubieten, in dem den interessierten Arbeitssuchenden das nötige Fachwissen vermittelt werden konnte – und das auch noch in einer Einrichtung, die mit denselben Maschinen arbeitete wie ROMAG. So konnte das Unternehmen schließlich in Pasewalk eine neue Fabrik eröffnen: eines von vielen Beispielen, in denen nicht die Arbeitnehmer zum Arbeitsplatz, sondern der Arbeitsplatz zum Arbeitnehmer kommt.

Dass Fachkräftemangel sich negativ auf die Volkswirtschaft eines Landes auswirkt, ist selbstredend: Im Jahr 2006 waren in Deutschland etwa 165 000 Stellen unbesetzt, weil es an Fachpersonal mangelte – was dem Land einen Verlust von rund 18,5 Milliarden Euro einbrachte. Es fehlt vor allem an Absolventen mathematischer, naturwissenschaftlicher und technischer Fächer sowie an Informatikern. Viele IT-Spezialisten absolvieren ihre Ausbildung inzwischen im Ausland – und nur etwa ein Viertel der Absolventen kommt wieder zurück. Vielleicht sollte sich Deutschland angesichts dieser Zahlen einmal Gedanken über die im Land herrschenden Arbeits-, Forschungs- und Einwanderungsbedingungen machen. Nicht umsonst leitete Spiegel Online Anfang des Jahres einen Beitrag zu einer Fachkräftestudie mit der Schlagzeile »Deutschland droht der Brain Drain« ein. Im weiteren Text heißt es: »Das Ergebnis ist erschütternd: Im vergangenen Jahr durften sich laut Zeitungsbericht nicht mal 500 Hochqualifizierte in Deutschland niederlassen – dabei suchen etliche Firmen verzweifelt Fachkräfte. Experten werfen der Großen Koalition Versagen bei der Zuwanderung vor.« Hier besteht also noch großer Handlungsbedarf. Friedrich hat es vorgemacht: Er verstand es, fähige Leute ins Land zu holen und dort zu halten. Ihm ist es gelungen, durch seine Siedlungspolitik ein »Brain Drain« in Frankreich zu verursachen: Mit der Abwanderung der dort verfolgten Hugenotten verloren die Franzosen wertvolles handwerkliches Wissen – und Preußen profitierte davon.

Berater stehen teilweise in Konkurrenz zu den Managern und deren Mitarbeitern. Sie werden nur zeitweise für begrenzte Aufgaben eingesetzt. Ihr Ruf ist schlecht, was jedoch nicht nur an ihnen liegt. Falsche oder unzureichende Aufgabenstellungen und mangelhafte Unterstützung des Auftragsgebers sind häufig die Ursache für einen Misserfolg. Hier wird unglaublich viel Geld verbrannt. König Friedrich dazu: »Es gibt eine Art Müßiggänger und Nichtstuer, die man Projektenmacher nennt. Der Herrscher hat allen Anlass, sich vor ihren schlechten Vorschlägen zu hüten. Sie führen zwar immer fort den Vorteil des Herrschers im Munde, aber recht besehen, deckt sich dieser Vorteil mit dem Verlust und Ruin seiner Untertanen. Aus meiner Zeit kenne ich keinen Fürsten, der nicht von solchen Spitzbuben hinters Licht geführt worden ist.«

Unter Friedrich wurden die Adligen bereits in sehr jungen Jahren für die Armee rekrutiert. Das Eintrittsalter der späteren Generäle lag zwischen 14 und 20 Jahren, in Ausnahmefällen sogar schon zwischen 9 und 13 Jahren. Auch heutige Firmen bemühen sich in Anbetracht des Fachkräftemangels immer mehr um die ganz Jungen – nicht etwa, um sie gleich als Arbeitskräfte einzusetzen, aber um ihnen schon früh ein positives Bild des Unternehmens zu vermitteln, das Bild eines wirtschaftlich starken und attraktiven Arbeitgebers. Wo immer es Berufsinformationsveranstaltungen für Schüler und/oder Studenten gibt, sind diese Unternehmen präsent und stellen sich dar. Sie stehen den jungen Menschen Rede und Antwort und bieten Schnuppertage oder Praktika, damit die künftigen Fachkräfte schon mal einen kleinen Eindruck von der Welt des Unternehmens – und natürlich von der Berufswelt – bekommen.

Und auch mit Plakaten – ob nun in öffentlichen Verkehrsmitteln oder auf Litfaßsäulen – wird immer häufiger um Auszubildende geworben. Da strahlen einem dann junge Menschen entgegen, die sich freuen, dass sie – kaum dass sie die Ausbildung bei der Bank beendet haben – schon Millionen von Euro für die Kunden verwalten dürfen – eine Verantwortung, die aufbaut. Oder sie sind glücklich, dass sie den älteren Menschen, die alleine nicht mehr zurechtkommen und im Pflegeheim leben, helfen dürfen und ihnen noch ein wenig Freude am Leben vermitteln können. So hat jede Branche ihre eigene Methode, an die jungen Leute heranzutreten.

12
Auf die Leistung kommt es an
Friedrichs hierarchische Ordnung

»Ein Manager von heute sollte Autorität durch Leistung und nicht durch Hierarchie anstreben, er muss weniger durch Befehl als vielmehr durch Überzeugung führen und kooperativ handeln.« Diese Worte des französischen Automanagers und Unternehmensberaters Daniel Goeudevert passen auch zu Friedrich dem Großen.

Friedrich verstand sich als (erster) Diener seines Staates. So sagte er in Schlesien einmal Vertretern der Kaufmannschaft: »Wenden Sie sich nur an mich. Ich bin Ihr erster Minister!«

Diese Bescheidenheit findet sich in zahlreichen Geschichten und Anekdoten um Friedrich. Einmal fragte ihn ein Bürgermeister um Rat. Es ging um die Bestrafung eines Übeltäters, der gegen Gott, den König und den Magistrat gelästert hatte. Friedrichs Antwort lautete: »Dass der Arrestant Gott gelästert hat, ist ein Beweis, dass er ihn nicht kennt. Dass er mich gelästert hat, vergebe ich ihm. Dass er aber einen edlen Rat gelästert hat, dafür soll er exemplarisch bestraft werden und eine halbe Stunde nach Spandau kommen!« Er sollte also eine halbe Stunde Festungshaft absitzen.

Auch Statussymbole waren bei Friedrich verpönt. Er wollte weder Prunk noch Pracht, sein Offiziersrock und bescheidenes Mobiliar reichten ihm. Und auch die Offiziere erhielten keine Abzeichen, die ihren Rang innerhalb des Offizierskorps anzeigten. Friedrich dachte einfach nur pragmatisch, nicht in Glanz und Gloria. Auch heute rücken Unternehmen immer mehr von Statussymbolen ab. Beispielsweise wurde bei vielen Firmen das Casino für den gehobenen Führungskreis abgeschafft. Jetzt gibt es eine Kantine für alle. Und bei Siemens kann man nicht mehr an der Schreibtischgröße erkennen, welchen Rang ein Mitarbeiter in der Unternehmenshierarchie hat.

Doch war auch das friderizianische Preußen kein Staat ohne Hierarchien. Im Gegenteil: Nach dem verlustreichen Siebenjährigen Krieg war es Friedrich wichtig, die Armee wieder zu ihrer alten Tüchtigkeit aufzurüsten. Die Offiziere waren weiterhin der bevorrechtigte Stand Preußens. Allerdings waren diese Vorrechte untrennbar mit Macht und Besitz verbunden. Und diese beiden Dinge wollte Friedrich nur bei Adligen sehen. Daher entließ er kurzerhand die bürgerlichen Offiziere, die während des Krieges aufgestiegen waren, aus der Armee.

Keinen Spaß verstand der König, wenn Offiziere vorzeitig um Entlassung baten. Einem General schrieb er: »Eure Demission soll euch untersagt sein. Ihr müsset aber euer Regiment erst wieder in guten Zustand setzen. Denn das Regiment zu ruinieren und hernach fort zugehen ist keine Kunst.« Ein gutes Beispiel für Manager, die durch schnelle Erfolge Karriere machen und dabei ein Chaos hinterlassen.

Zum Glück gibt es in unserer modernen Unternehmenswelt im Allgemeinen keine Entlassungen aufgrund der Herkunft des Arbeitnehmers mehr. Es lässt sich jedoch nicht leugnen, dass es – nicht zuletzt wegen der in den letzten Jahren eingeführten Studiengebühren – Menschen aus ärmeren Gesellschaftsschichten unnötig schwer gemacht wird, die für einen Aufstieg in einem Unternehmen notwendige Ausbildung zu absolvieren. Denn zumeist sind es Universitätsabsolventen, die auf den Führungspositionen sitzen, und es gibt auch heute noch viele Unternehmen, die ihre Mitarbeiter zuallererst anhand der eingereichten Zeugnisse auswählen. Fehlt das nötige Papierchen, fällt der Kandidat durchs Raster. In dieser Hinsicht war Henry Ford viel fortschrittlicher als so mancher heutige Firmenchef, als er sagte: »Es ist mir egal, ob einer aus Sing Sing kommt oder von Harvard. Ich suche Mitarbeiter, nicht Biografien.«

Wenn es jedoch um Gerechtigkeit ging, gab es für Friedrich keine Hierarchien. Jeder, ob Bauer oder Adliger, sollte zu seinem Recht kommen. Berühmt ist der Müller-Arnold-Fall. Nachdem er seine Mühle nicht mehr bewirtschaften konnte, da ihm der Landrat für einen Teich das Wasser abgegraben hatte, weigerte sich der Müller Arnold, dem Grafen von Schmettau weiterhin die Pacht für die Mühle zu zahlen. Daraufhin verklagte der Graf den Müller, und das Gericht ordnete den Verkauf der Mühle an. Arnolds Beschwerden wurden alle abgewiesen. Schließlich wandte er sich an den König. Der gab einem Offizier den Auftrag, die Sache zu untersuchen. Das Ergebnis gab dem Müller recht. Doch alle weiteren gerichtlichen Untersuchungen bestätigten das erste Urteil. Daher übertrug Friedrich dem Kammergericht den Fall. Als auch dieses Gericht zu keinem anderen Urteil kam, war Friedrich sicher, dass man den Adligen um seines Adels willen bevorzuge. Er beschloss, ein Exempel zu statuieren, und hielt dem Großkanzler von Fürst und drei Räten des Kammergerichts, die er zu sich geladen hatte, eine Standpauke: »Ein Justizkollegium, das Unrecht ausübt, ist schlimmer als eine Diebesbande, vor der kann man sich schützen. Aber vor Schelmen, die ihre Missetaten im Justizmantel ausüben, ist man schutzlos. Sie sind schlimmer als die größten Spitzbuben der Welt und verdienen doppelte Bestrafung!« Den Großkanzler entließ er, die Räte kamen ins Stadtgefängnis. Als der Kriminalsenat des Kammergerichts, den Friedrich mit der Untersuchung des Falls der Richterkollegen beauftragt hatte, zur Überzeugung kam, dass diese unschuldig seien, ging es diesen Räten nicht besser: Sie wurden zu einer einjährigen Festungshaft verurteilt. Außerdem mussten sie dem Müller den Schaden ersetzen.

Diese für Friedrich untypische Einmischung in die Rechtsprechung zog unterschiedliche Reaktionen nach sich: Die niederen Kreise spendeten ihm Beifall, die Beamtenschaft zeigte sich entsetzt. Friedrich war klar, welcher Wurzel das Übel entsprang: Es war die überholte Gesetzgebung, die beispielsweise Untertanen nicht gestattete, gegen ihre Gutsherren zu klagen. Daher beauftragte er den neuen Großkanzler Carmer, das Gesetzbuch anzupassen und sich um eine neue Prozessordnung zu kümmern. So entstanden das »Allgemeine Landrecht« und die »Allgemeine Gerichtsordnung für die preußischen Staaten«.

Niemals meinte Friedrich, etwas Besseres zu sein als sein Volk. Und er verachtete all jene Fürsten, die ihre Untertanen als wertloser als sich selbst erachteten. Als eine Gräfin angesichts einer in Breslau grassierenden Seuche anmerkte, dass der hohe Adel ja Gott sei Dank verschont bleibe und nur das Volk sterbe, schrieb der König an seinen Freund Voltaire: »Da haben Sie ein Beispiel, wie die hochstehenden Leute denken, die meinen, sie bestünden aus kostbareren Molekülen als das gemeine Volk, das sie unterdrücken.« Und auch heute sollte jedem Unternehmer klar sein, dass seine Mitarbeiter – ganz gleich welchen Rang sie bekleiden – das Kapital seines Unternehmens sind. Was wäre ein Chef ohne seine Belegschaft? Jedes noch so kleine Rädchen trägt dazu bei, dass der Betrieb reibungslos läuft. Und nur selten ließen sich hier wichtige und unwichtige Rädchen unterscheiden.

Tatsächlich gibt es heute Unternehmerpersönlichkeiten, die sich nicht auf ihren Rang berufen, sondern die durch ihre Leistung überzeugen wollen – und dies auch tun. Eine davon ist Nicola Leibinger-Kammüller, Chefin von Trumpf, dem größten Werkzeugmaschinenhersteller in Europa. In den Medien macht sie sich rar: »Ich werde ja nicht an meinen Medienauftritten gemessen, sondern an meiner Arbeit«, sagte sie einmal in einem Interview gegenüber dem Managermagazin. Und was ihre Arbeit angeht, so will sie sich – wie Friedrich – nicht auf ihren Lorbeeren ausruhen, sondern stets wachsam den Markt beobachten und weiter auf Wachstum setzen, damit die Firma das bleibt, was sie ist: der führende Werkzeugmaschinenhersteller Europas.

Sosehr Friedrich sich bemühte, jeden gerecht zu behandeln, war er doch vor Vorurteilen nicht gefeit. Eines dieser Vorurteile hegte er den Grafen gegenüber: »Junge Grafen, die nichts lernen«, wollte Friedrich nicht im Offiziersrang sehen. Dazu mussten sich die jungen Männer erst als nützlich erweisen: »Im Fall nun aus einem Grafen etwas werden und er der Welt und seinem Vaterland etwas nützen soll, so muß er sich auf Titel und Geburt nichts einbilden, denn das sind nur Narrenspossen, sondern es kommt allezeit auf sein persönliches Verdienst an.« Zu anderer Gelegenheit äußerte er sich: »An die Grafen im Dienst ist nichts, halten niemals lange aus.« Und als eine Gräfin darum bat, ihren Sohn wegen Krankheit zu entlassen, meinte er nur: »Die Grafen sind alle krank, wenn sie dienen.«

Doch Grafenvorurteile hin oder her – Bürgerlichen war die Offizierslaufbahn in der preußischen Armee versagt: »Ich liebe kein unadlig Geschmeiß unter der Armee. Es ist genug, dass Sein Sohn bei einem Garnisonsregiment als Offizier passiert.« Mit diesen ungewohnt herabsetzenden Worten lehnte Friedrich das Gesuch eines bürgerlichen Kammerdirektors ab, seinen Sohn, der Leutnant in einem Garnisonsregiment war, zu einem Linienregiment zu versetzen. Und auch das Wahlrecht und das Recht, Landgüter zu erwerben, standen – zumindest theoretisch – nur Adligen zu. Daran wollte auch Friedrich nicht rütteln. Denn die Adligen sollten »in keinem Stück in ihren Privilegien gekränkt« werden. Bat ein Handwerker um ein Stipendium, damit sein Sohn studieren konnte, wurde ihm dies auch stets abgelehnt. Vielmehr sollte der Sohn im elterlichen Betrieb lernen und das Handwerk fortführen. Auch Eheschließungen zwischen Adligen und Bürgerlichen lehnte Friedrich strikt ab.

Leider ist auch unsere heutige Welt nicht frei von Vorurteilen, und Elitenbildung ist nach wie vor an der Tagesordnung. Um das Beispiel oben noch einmal aufzugreifen: Die jüngst eingeführten Studiengebühren bewirken, dass nicht alle Menschen dieselben Chancen bei einer universitären Ausbildung haben. Auch wenn Kinder aus ärmeren Familien einen Zuschuss bekommen, so reicht dieser doch bei Weitem nicht aus, um die Kosten zu decken. Da muss nebenher – oft spätabends und gar in der Nacht – noch gearbeitet werden. Zeit und Kraft fürs Studium gehen verloren. Und selbst wenn der Kandidat nach – arbeitsbedingt – jahrelangem Studium schließlich sein Diplom in der Tasche hat, muss er sich bei einem Vorstellungsgespräch meist die Frage: »Wieso haben Sie denn so lange gebraucht?« gefallen lassen. Eine Frage, die wie ein Vorwurf klingt und in der ein weit verbreitetes Vorurteil mitschwingt: Wer »länger als nötig« studiert, ist offenbar nicht in der Lage, vernünftig zu organisieren – oder er ist schlichtweg zu faul.

Jedoch wird heute auch einiges für die Chancengleichheit getan. So gibt es zum Beispiel Organisationen, die sich für die Integration von Jugendlichen mit Migrationshintergrund stark machen. Denn auch hier gibt es noch immer Vorurteile und Hindernisse – wie Sprachschwierigkeiten –, die Betriebe davon abrücken lassen, einen Nicht-Deutschen oder einen Eingebürgerten als Auszubildenden aufzunehmen. Dabei können Mitarbeiter aus fremden Kulturkreisen eine Bereicherung für ein Unternehmen darstellen und gerade durch ihre andere Sicht auf die Dinge frische Ideen einbringen.

Ein ausgesprochen positiver Trend in der heutigen Unternehmenskultur ist die Verflachung von Hierarchien. Flache Hierarchien sorgen dafür, dass der Vorschlag eines Arbeitnehmers nicht erst mehrere Instanzen durchlaufen muss, ehe er den Chef erreicht – so wie auch Friedrich immer direkter Ansprechpartner seiner Offiziere und Untertanen war. Umgekehrt sieht auch der Chef seine Anweisungen viel schneller verwirklicht. Gute Ideen können sofort umgesetzt werden, das Unternehmen kann flexibler auf sich ändernde Bedingungen reagieren und Entscheidungen in weit kürzerer Zeit treffen. Und je weniger Stufen ein Unternehmen hat, desto besser läuft natürlich auch die interne Kommunikation und desto leichter können sich die Mitarbeiter in ihren Chef und der Chef sich in seine Mitarbeiter hineinversetzen. So geschieht es nur selten, dass die Beteiligten aneinander vorbeireden oder gar -handeln. Jeder im Unternehmen erhält die Chance, sich einzubringen – ohne sich auf eine Instanzenodyssee einlassen zu müssen.

Wie oft wird es schon vorgekommen sein, dass jemand eine gute Idee hatte, diese jedoch nie zur Unternehmensführung vordrang, weil sich der Betreffende schlichtweg nicht dem Stress aussetzen wollte, von Büro zu Büro zu eilen oder Anfragen verschiedener zwischengeschalteter Stellen zu beantworten. Da ist es nur allzu verständlich, dass eine Firma, die so strukturiert ist, schnell hinter ihren fortschrittlicheren Konkurrenten zurückbleiben wird, wenn es darum geht, innovativ zu sein und vor allem schnell auf konkrete Situationen zu reagieren. Mittelständische Unternehmen haben hier Vorteile, da sie nicht wie Großbetriebe eine ausgeprägte arbeitsteilige Organisation haben, bei der jeder bemüht ist, seine Kompetenzen zu verteidigen.

Ein gutes Beispiel für ein gelungenes Projekt mit flachen Hierarchien hat im Jahr 2006 der VW-Konzern geliefert. Ausgangspunkt war die Frage, ob es heute noch möglich ist, in Deutschland ein Auto zu produzieren, das wettbewerbsfähig ist und für dessen Herstellung die Arbeitnehmer einen gerechten Lohn erhalten. Unter dem Titel »Auto 5000« wurde ein Projekt ins Leben gerufen, in dem Arbeitsuchende, die bisher keine Erfahrung mit dem Automobilbau hatten, so weit qualifiziert wurden, dass am Ende täglich 800 VW Touran aus den Werkshallen rollten. Auch bei den Hierarchieebenen wollte man neue Wege gehen. Hans Joachim Sperling von der Göttinger Universität, der das Projekt wissenschaftlich begleitete, erläutert: »Im Unterschied etwa zu Volkswagen, wo man in einer Fabrik etwa sechs bis sieben Hierarchiestufen hat, gibt es bei Auto 5000 lediglich drei Hierarchiestufen. Das heißt: die unterste Ebene, die Mitarbeiter in Teams organisiert, darüber die erste Vorgesetztenebene, was traditionell in Fabriken der Meister ist, der bei Auto 5000 ›Betriebsingenieur‹ heißt, und darüber die Bereichsleitung, das heißt, die Leitung der einzelnen Bereiche Montage, Lack und Karosseriebau.«

So einfach lassen sich sieben Hierarchiestufen natürlich nicht auf drei verschlanken – hier mussten Kompetenzen neu verteilt werden. Aber es funktionierte, wie der Soziologe Michael Schumann erklärt: »Das Besondere bei Auto 5000 ist sicherlich, dass sie die Meisterposition, also die erste Position dieser Hierarchie, sehr stark aufgewertet haben, weil an die Gruppe – an die Arbeiter – sehr viel an Aufgaben, insbesondere der Arbeitsplanung, der Arbeitseinsatzplanung, der Personalplanung übergeben worden ist. Dadurch ist der Meister entlastet, kann andere Tätigkeiten übernehmen, wie Technikplanung, wie Controlling, wie Kostenplanung, die vorher in übergeordneten Hierarchieebenen waren. Nur durch diese Aufwertung des Meisters ist es tatsächlich hier möglich, zu einer Dreierhierarchie zu kommen, und das ist ein schwieriges Unterfangen, das ist so nicht ohne Weiteres jetzt etwa auf andere Werke zu übertragen.« Ein Paket von Maßnahmen war also der Schlüssel zum Erfolg: Die Arbeitnehmer wurden vor und während der Arbeit qualifiziert. Sie erhielten mehr Eigenverantwortung und Mitwirkungsmöglichkeiten, da sie ihre Teamarbeit selbstständig organisieren mussten. Durch die Aufwertung der Meister wurden die Hierarchien flacher und Differenzen im Status innerhalb des Unternehmens reduzierten sich.

Alles in allem erhöhte das die Arbeitszufriedenheit, obwohl der Lohn der Auto-5000-Mitarbeiter 20 Prozent unter demjenigen der anderen VW-Mitarbeiter lag und obwohl sie 35 Stunden in der Woche arbeiten mussten statt der 28,8 Stunden, die für die anderen Arbeitnehmer galten. So wurde es mit der IG Metall für das Projekt ausgehandelt, wobei Arbeitszeit und Entlohnung noch immer dem entsprachen, was in der niedersächsischen Metallindustrie üblich ist. Das Beispiel zeigt: Die Mitarbeiter waren hoch motiviert – wären sie doch sonst arbeitslos gewesen – und identifizierten sich stark mit »ihrem« Unternehmen.

Und noch eine Reform im Rahmen dieses Projekts machte sich positiv bemerkbar: Bei Auto 5000 wurden auch die Verwaltungsbereiche in die Produktion integriert, die sonst im Allgemeinen irgendwo in entlegenen Verwaltungsgebäuden angesiedelt sind. Für Michael

Schumann ist das eine entscheidende Neuerung, die den modernen Zuschnitt des Projekts belegt und die Hierarchien weiter verflacht: Instandhaltung, Controlling und Qualitätssicherung wurden in die Fertigung integriert – damit ist eine »ganz enge Kooperation mit den Produktionsverantwortlichen, aber auch mit den Mannschaften« gewährleistet. Insgesamt gesehen ist Auto 5000 für die Göttinger Wissenschaftler ein Vorzeigeprojekt. Zahlreiche Innovationen in der Produktionsstruktur, neue Formen der Qualifizierung und hoch motivierte Mitarbeiter haben unter Beweis gestellt, dass die Produktion von Autos auch in Deutschland heute noch wettbewerbsfähig sein kann. Und auch wenn die neuen Wege nicht eins zu eins auf andere Firmen übertragbar sind, so regen sie doch zum Nachdenken an.

13
Die Menschen bei Laune halten
Friedrich sorgt für gute Stimmung

Das Klima, das in einem Betrieb herrscht, trägt wesentlich zur Motivation der Mitarbeiter bei. Je wohler sich die Menschen dort fühlen, desto engagierter setzen sie ihre Arbeitskraft ein und desto eher bleiben sie auch auf lange Sicht dem Unternehmen erhalten.

Schon als Kind durfte Friedrich erleben, wie kleine Gesten Freude und Dankbarkeit bei den Menschen auslösen. Als es ihm bei einem der jährlichen Besuche beim Großvater mütterlicherseits im hannoverschen Tangermünde zu langweilig wurde, beschloss der kleine Kronprinz, die Bäckerei vor Ort aufzusuchen. Er schüttete seine Barschaft auf den Tresen und verlangte dafür allerlei Backwerk, das ihm die Bäckersfrau willig überreichte. Doch bei allem Appetit – es war doch zu reichlich für den kleinen Kerl. Er konnte weder alles essen noch alles tragen. Also lud er sämtliche Kinder und alten Leute, die um ihn herumstanden, zu einem kleinen Festmahl ein. Die Menschen waren glücklich und nannten Friedrich zärtlich »ihren Fritz«. Als Friedrichs Vater von der ganzen Geschichte erfuhr, beschloss er, dass diese »Kronprinzenspende« bis zum zwölften Lebensjahr seines Sohnes alljährlich stattfinden solle. Friedrich selbst erinnerte sich nach seiner Thronbesteigung, dass er in Tangermünde zum ersten Mal das Vergnügen genossen habe, sich von Untertanen geliebt zu sehen – für ein klein wenig Backwerk!

Die Erkenntnis, dass kleine Gesten viel bewirken können, sollten sich Vorgesetzte zu Herzen nehmen. Eine Motivationsstudie aus dem Jahr 2007 ergab, dass Arbeitnehmer vor allem Lob und Anerkennung durch ihren Chef vermissen. »Damit bleibt eine große Chance zur Mitarbeitermotivation ungenutzt«, sagt Christa Sedlatschek. Die Geschäftsführerin der »Initiative Neue Qualität der Arbeit« (INQA), die bei der Bundesanstalt für Arbeitsschutz und Arbeitsmedizin in Dortmund angesiedelt ist, verweist auf eine repräsentative Studie, nach der rund zwei Drittel der Arbeitnehmer ihren Beruf als sinnvoll empfinden. Jedoch ist nur die Hälfte der Arbeitnehmer mit der Unterstützung durch den Chef, sei es sozial oder fachlich, zufrieden. »Auffällig ist, dass es vielen Vorgesetzten anscheinend nicht gelingt, ausreichend Anerkennung zu vermitteln«, so Sedlatschek.

Allerdings sollte der Chef jetzt nicht anfangen, nach dem Gießkannenprinzip Lob über seine Mitarbeiter auszuschütten. Vor allem wenn er nur die offiziellen Gelegenheiten – die betriebliche Weihnachtsfeier oder das sommerliche Grillfest auf dem Betriebsgelände – dazu nutzt, den Mitarbeitern allgemein für ihre Leistungen im letzten Jahr Anerkennung auszusprechen, wirkt das Lob unpersönlich und bleibt oft wirkungslos. Wichtig ist es, sowohl allgemein zu loben – z. B. wenn das Team ein Projekt erfolgreich abgeschlossen hat – als auch individuell. Aber gerade das individuelle Lob braucht viel Fingerspitzengefühl. Wenn der Chef im jährlichen Mitarbeitergespräch lobt: »Herr Müller, vielen Dank für Ihr Engagement, ich schätze Ihre Mitarbeit sehr«, dann ist das zwar gut gemeint, aber zu unspezifisch – der Mitarbeiter kann mit so einem Lob nichts anfangen. Besser ist es, konkret zu benennen, wo sich Herr Müller besonders erfolgreich engagiert hat und warum ihn der Chef für einen schätzenswerten Mitarbeiter hält, also etwa so: »Vielen Dank, Herr Müller, dass Sie die Betreuung unserer Auszubildenden so hervorragend organisiert haben. Die Auszubildenden erleben Sie als kompetenten Ansprechpartner, der für sie immer ein offenes Ohr hat. Ganz besonders beeindruckend finde ich, dass Sie sich für sie sogar in Ihrer Freizeit engagieren – das Auszubildenden-Fußballteam hat ja wirklich großen Zulauf. So etwas schweißt ein junges Team immens zusammen.« Und natürlich darf niemand, der ebenfalls eine gute Leistung erbracht hat, unerwähnt bleiben. Denn dies hätte Frustration und Neid zur Folge – was wiederum das Betriebsklima vergiftet.

Mitarbeiter reagieren – je nach Persönlichkeit – sehr unterschiedlich auf Lob. Da gibt es den selbstbewussten Softwareentwickler Scholz, der es geradezu als lästig empfindet, für Dinge gelobt zu werden, die er für selbstverstandlich hält – hier muss der Chef genau darlegen, warum eine Leistung außergewöhnlich war und aus seiner Sicht gelobt werden muss. Solche Menschen kommen mit wenig Lob aus. Da gibt es aber auch Mitarbeiter wie Herrn Mäuslein, der ein wenig unsicher ist, ob er alles richtig macht, und viel Zuwendung und Anerkennung von seinem Chef braucht. Das ist natürlich nicht immer ganz leicht – man will ja einen seiner Mitarbeiter nicht über Gebühr bevorzugen und sich nicht vor allem um ihn kümmern müssen. Hier gilt es, die richtige Balance zu finden: die Eigenmotivation und das Selbstbewusstsein des Mitarbeiters zu stärken, ohne ihn zu bevorzugt zu behandeln. Und dann gibt es natürlich noch die zahlreichen Mitarbeiter, die zwischen diesen beiden Extremen liegen.

Alles in allem gilt also: Auch positives Feedback will gelernt und geübt sein! Und je besser man die eigenen Mitarbeiter kennt, desto einfacher ist es, individuell zu loben. Auch die Art und Weise, wie man seine Anerkennung ausspricht, sollte auf den Mitarbeiter abgestimmt sein – manche können sich nur über ein sehr sachliches Lob freuen, das unter vier Augen ausgesprochen wird. Andere mögen es, wenn ihnen der Chef anerkennend auf die Schulter klopft oder seinen Dank per Handschlag unterstreicht. Und wieder andere blühen regelrecht auf, wenn man ihnen eine kleine Freude bereitet – etwa indem man ihnen für die hervorragende Vorbereitung des Vorstandsmeetings einen Blumenstrauß auf den Schreibtisch stellt oder für den Abschluss eines besonders wichtigen Projekts zwei Karten für das nächste Spiel des örtlichen Fußballmatadors schenkt.

Auch bei anderen Gelegenheiten ist es immer wieder schön, wenn es einem Vorgesetzten gelingt, gute Stimmung zu erzeugen – dieses Talent war Friedrich auch als Erwachsenem gegeben: Als er 1733 das Regiment übernahm, das bis dahin dem Freiherrn von der Goltz unterstanden hatte, erhielt die Truppe neue Uniformen. Die Regimentsübernahme musste nach Ansicht ihres neuen Kommandanten, des Kronprinzen Friedrich, gebührend gefeiert werden, und er lud alle zu einem großen Umtrunk am Lagerfeuer vor der Stadtmauer ein. Als sie alle in Stimmung waren, forderte er sie auf: »Meine Herren, ich denke, wir sollten den Goltz'schen Uniformen die letzte Ehre erweisen!« Kurzerhand zog er Rock und Weste aus und warf beides ins Feuer. Unter großem Gelächter und in bester Laune folgten die Offiziere seinem Beispiel und ließen auch die Hosen folgen. Schließlich kehrte die gesamte Mannschaft unter lautem Gesang und in neuer Uniform in die Stadt zurück.

An diesem Beispiel sieht man, dass auch Humor und Lachen wichtige Bausteine für ein gutes Betriebsklima sind. Viele Führungskräfte fördern ein positives Miteinander ihrer Arbeitnehmer. Allerdings gibt es auch eine große Zahl von Vorgesetzten, die Fröhlichkeit und persönliche Beziehungen ihrer Mitarbeiter zueinander nicht gerne sehen und sogar verhindern wollen. »Lachen wirft ein schlechtes Licht auf die Firma«, äußerte einst ein Senior Manager aus dem Wirtschaftsprüfungssektor. »Lachen« bedeutet selbstverständlich nicht, dass aus den Büros acht Stunden am Tag Gelächter und Gekicher erklingt und alle immer bester Laune sein müssen. Aber gerade während eines anstrengenden Projekts lockert ein Gespräch mit Kollegen auf dem Gang, bei dem auch gelacht wird, auf und setzt neue Energien frei. Manche Führungskräfte glauben, dass Humor und Arbeitsleistung sich gegenseitig ausschließen. Das Gegenteil ist der Fall: Sie bedingen einander. Verläuft ein Projekt im Augenblick nicht gerade ideal, helfen auch die größte Verbissenheit und noch mehr Ehrgeiz in den seltensten Fällen weiter – die Folge sind eher Betriebsblindheit und Sackgassen, aus denen man nicht mehr herausfindet. Innerhalb eines dann negativ geprägten Klimas kann keine Kreativität für neue Lösungen entstehen – Alternativen werden nicht erkannt, Potenziale nicht genutzt. Eine kurze Pause von der verfahrenen Situation, während der die Mitarbeiter gedanklich nicht mehr um das schwierige Projekt kreisen, hilft dann, das Ganze vielleicht aus einer völlig anderen Perspektive zu sehen und neue Möglichkeiten zu entwickeln. Und was könnte da besser helfen, als wenn einer der Mitarbeiter eine witzige Begebenheit vom letzten Wochenende zum Besten gibt oder der Chef Anekdoten aus seiner Studentenzeit erzählt?

Natürlich ist es nicht jedem Chef gegeben, durch solche Anekdoten das Betriebsklima zu pflegen – die Witze des Chefs sind ja manchmal alles andere als amüsant. Da ist es eher wichtig, bei der tagtäglichen Arbeit immer mal wieder auch an der guten Stimmung im Unternehmen zu arbeiten – und nicht nur am nächsten Projekt. Die Güte des Betriebsklimas lässt sich kaum objektiv messen, sie ist eher eine Art subjektiv empfundene Wetterlage, die für die verschiedenen Beschäftigten auch durchaus unterschiedlich aussehen kann. Sie reicht von »sonnig« – d. h. alle arbeiten harmonisch zusammen – bis zu gewittrig – d. h. das Klima ist eher feindlich und bereits von einzelnen Mobbing-Fällen geprägt. Das Betriebsklima hat großen Einfluss auf die Motivation und Leistungsfreude der Mitarbeiter – was sich in der Jahresbilanz durchaus durch höhere oder niedrigere Produktivität niederschlagen kann. »Unsere Gesprächspartner in Unternehmen und Organisationen sprechen von Produktivitätsreserven in der Größenordnung von 20 bis 60 Prozent durch ein besseres Betriebsklima«, meint Stephan

Schütze, Geschäftsführer der Berliner Unternehmensberatung SSC Stephan Schütze & Kollegen.

Um das Betriebsklima nachhaltig zu verbessern, gibt es verschiedene Strategien. Einen wichtigen Part spielt die Förderung der Kommunikation. Sie muss in alle Arbeitsprozesse eingebunden werden und darf nicht ausschließlich im Meeting stattfinden. Nur ein gut informierter Mitarbeiter fühlt sich in »seinem« Unternehmen wohl, denn er hat das Gefühl, dass er gut in die Unternehmensabläufe eingebunden ist.

Jeder muss davon überzeugt sein, dass er über alle geschäftlichen und persönlichen Informationen verfügt, die für ihn notwendig sind. Er muss sich vor Überraschungen sicher fühlen. Das betrifft besonders die Bewertung der eigenen Person durch den Vorgesetzten. Und nur ein gut informierter Mitarbeiter kann kreative Ideen entwickeln. »Entscheidend ist immer, dass das Management nicht nur den Willen zum Kommunizieren verkündet, sondert dieses dann auch wirklich umsetzt und sich selbst daran hält«, so Schütze.

Ein überraschendes Ergebnis förderte eine Umfrage des Online-Karriereportals Monster mit über 1800 Teilnehmern im Jahr 2007 zutage. Demnach sind nette Kollegen für viele wichtiger als die Sicherheit ihres Jobs: Für 43 Prozent der deutschen Arbeitnehmer ist das gute Verhältnis zu den Kollegen die entscheidende Voraussetzung, damit sie sich in »ihrem« Betrieb wohlfühlen. Andere Kriterien sind den Mitarbeitern weniger wichtig: Lediglich für etwa 20 Prozent der Umfrage-Teilnehmer waren eine interessante und abwechslungsreiche Tätigkeit der wichtigste Faktor, um sich am Arbeitsplatz wohlzufühlen. Jobsicherheit rangiert mit zehn Prozent erst auf dem dritten Platz. »Die Ergebnisse der Umfrage zeigen, dass die sozialen Kompetenzen bei der Mitarbeiterwahl eine wichtige Rolle spielen«, so Davide Villa, CEO der Monster Worldwide Deutschland GmbH.

Auch der Führungsstil trägt entscheidend zur Qualität des Betriebsklimas bei. Er sollte vor allem vom Respekt gegenüber den Mitarbeitern getragen sein: »Ein guter Führungsstil ist vor allem geprägt von Konsequenz und Glaubwürdigkeit«, erläutert Stephan Schütze. »Nach dem Motto ›Streng, aber gerecht‹ können Sie Ihre Mitarbeiter besser motivieren als durch den ›guten Onkel‹.« Zu einem guten Führungsstil gehört auch, dass offen mit Konflikten umgegangen werden kann: »Wo Konflikte tabu sind, macht die Arbeit krank.«

Friedrich zeichnete sich noch durch eine weitere Führungsqualität aus: Kam es einmal zu brenzligen Situationen oder depressiver Stimmung, wusste er seine Leute stets wieder aufzurichten. Dies zeigte sich bereits während der Vorbereitungen seines Schlesien-Überfalls Ende 1740. Kaum war Friedrich zu diesem Zweck in dem kleinen Städtchen Crossen eingetroffen, stürzte in der dortigen Kirche die Glocke zur Erde. Die Soldaten werteten dies natürlich als schlechtes Omen und zeigten sich überaus verängstigt. Doch Friedrich verstand es, sie zu beruhigen: Der Sturz der Glocke sei durchaus ein deutliches Zeichen: ein Zeichen dafür, dass das Hohe – Österreich – falle und das Niedrige – das noch unscheinbare Preußen – aufsteige.

Wenn man in den heutigen Unternehmen nach dem Betriebsklima fragt, so hat dies meist einen negativen Beigeschmack: Man denkt an Stress, Mobbing – alles Dinge, die krank machen, die Mitarbeiter zermürben und zum berühmten Burn-out-Syndrom führen. Davon leben mittlerweile ganze Wirtschaftszweige, die Gesundheitskurse, Anti-Stress-Training und ähnliche Dinge anbieten. Und auch die Ärzte und Psychologen können sich nicht über mangelnde Arbeit beklagen. Der Schaden für die Unternehmen, bei denen Stress und Mobbing an der Tagesordnung sind, ist hingegen enorm – ein hoher Krankenstand, hohe Fluktuationsraten und Leistungszurückhaltung sind die Folgen, ein großer volkswirtschaftlicher Schaden ebenfalls.

Wichtig für das Betriebsklima ist, anderen Menschen für hervorragende Leistungen die notwendige Anerkennung zu zollen. Dies entspricht natürlich nicht dem Zeitgeist. Heute wird vorwiegend den Größen der Unterhaltungsindustrie oder des Sports der meiste Beifall gezollt. Andere Leistungen sind nicht so stark im Ranking. Verbreitete Missgunst ist ein schlechtes Zeichen für das Klima in einem Unternehmen.

Die Soziologin Edelgard Kutzner vom Landesinstitut Sozialforschungsstelle Dortmund, die Workshops und einen Leitfaden zum Thema »Betriebsklima und Produktivität« erarbeitet, erinnert an einen Personalbetreuer eines Produktionsbetriebs aus Niestetal: »In dem Unternehmen, das in den 80er-Jahren gegründet wurde, gibt es sogar einen Sozialpädagogen und einen Wellness-Raum. Er konnte glaubhaft machen, dass sein Konzept der kooperativen Unternehmensführung, die auf Partizipation der Beschäftigten basiert, auch in der Krise funktioniert. Als es der Firma mal schlecht ging, haben ihr die Mitarbeiter Arbeitsstunden geschenkt. So etwas passiert nur, wenn Transparenz herrscht und das Betriebsklima gut ist.«

Ein Beispiel für ein Unternehmen, in dem das zwischenmenschliche Miteinander an oberster Stelle steht, ist der Babynahrungshersteller Hipp. Für den Umgang innerhalb des Unternehmens wie auch gegenüber Kunden und Wettbewerbern hat Claus Hipp, der Gründer des Unternehmens, ein ausführliches Ethik-Management und eine Ethik-Charta entwickelt. Da ist zum Beispiel zum Thema »Gesprächskultur« zu lesen: »Im zwischenmenschlichen Miteinander bei Hipp ist darauf zu achten, dass in Achtung vor dem anderen und mit Formen der Höflichkeit miteinander und übereinander gesprochen wird. Inhaltlich muss und darf gestritten werden, dies ist aber von allen von einer persönlichen Ebene zu unterscheiden. Grund: Die Form des Umgangs in einem Unternehmen wird maßgeblich von der Art der unternehmensinternen Sprache geprägt. Für ein langfristig gelingendes Miteinander sind ein Umgangston, der die Würde des Menschen im Gegenüber anerkennt und achtet, und ein familiäres Betriebsklima Grundvoraussetzung. Zusätzlich bedarf es aber auch einer bewusst sachlich gehaltenen Art der Auseinandersetzung, die für Kritik offen ist, um langfristig erfolgreich sein zu können. Folge: Hipp erwartet von seinen Mitarbeitern einen menschenwürdigen Umgangston miteinander und übereinander sowie die Fähigkeit, sich mit Kritik positiv auseinandersetzen zu können. Dies ist ein entscheidender Bestandteil der Beurteilung der sozialen Kompetenz der Mitarbeiter.« Claus Hipp hat die gesamte »Ethik-Charta« für sein Unternehmen in dieser Klarheit und Präzision formuliert – ein solches Unternehmensleitbild ist für die Mitarbeiter als Orientierung äußerst hilfreich. Durch die Transparenz der Werte, auf denen das Unternehmen fußt, ist es einfach, die internen Regeln zu verstehen und nach ihnen zu handeln. Wenn es gelingt, dass alle Mitarbeiter – soweit es in ihrer Macht steht – diese Überlegungen respektieren, kann daraus nur ein hervorragendes Betriebsklima entstehen.

Auch dem Gründer der dm-Drogeriemärkte Prof. Götz W. Werner ist ein gutes Betriebsklima äußerst wichtig. Zu den Mitarbeitergrundsätzen des Unternehmens gehört: »Wir wollen allen Mitarbeitern helfen, Umfang und Struktur unseres Unternehmens zu erkennen und jedem die Gewissheit geben, in seiner Aufgabe objektiv wahrgenommen zu werden. Wir wollen allen Mitarbeitern die Möglichkeit geben, gemeinsam voneinander zu lernen, einander als Menschen zu begegnen, die Individualität des anderen anzuerkennen, um die Voraussetzungen zu schaffen, sich selbst zu erkennen und entwickeln zu wollen und sich mit den gestellten Aufgaben verbinden zu können.«

Vor allem das Ausbildungsprogramm der Drogeriemarktkette ist beachtlich: Seit zehn Jahren läuft nun die Ausbildungsinitiative bei dm. Auch im Ausbildungsjahr 2008/2009 will Werner wieder 1 000 neue Lehrstellen zur Verfügung stellen – für die gute Stimmung ist von Anfang an gesorgt: dm bietet mehr als nur eine »gewöhnliche Ausbildung«. »Wir werden hier von Anfang an ernst genommen und fachlich und persönlich intensiv gefördert. Das motiviert und macht große Freude«, erzählt eine junge Auszubildende. Alle Lehrlinge nehmen während ihrer Lehrjahre zweimal am »Abenteuer Kultur« teil – einem achttägigen Theaterworkshop, der die Persönlichkeitsentwicklung stärkt. Für diesen Ausbildungsbestandteil erhielt dm den Initiativpreis Aus- und Weiterbildung 2004. Wer bei dm zum Drogisten ausgebildet werden möchte, legt sich außerdem ein Herbarium, eine Sammlung gepresster und getrockneter Pflanzen, an.

Damit die Auszubildenden zu einem Team zusammengeschweißt werden, bekommen sie im dritten Lehrjahr die Möglichkeit, für vier Wochen die Geschicke einer Filiale zu leiten. 19 dm-Märkte in ganz Deutschland nehmen an dem Projekt teil. Die Auszubildenden sind in dieser Zeit für alle Abläufe verantwortlich: Sie beraten die Kunden, stimmen die Einsatzpläne der Mitarbeiter ab, kümmern sich um die Kasse und deren Abrechnung, bestellen und präsentieren die Ware. Dieses Konzept der sogenannten dm-Lehrlingsfiliale bildet das Gesellenstück der vielseitigen Ausbildung bei dm. »Die Lehrlingsfiliale ist ein zusätzliches Angebot innerhalb der persönlichen Ausbildung und bietet neue Lernansätze für den weiteren Berufsweg«, sagt Manfred Stoffel-Kehry, als dm-Geschäftsführer verantwortlich für den Unternehmensbereich Mitarbeiter. »Engagierte Lehrlinge haben dabei die Chance, bislang unbekannte Fähigkeiten an sich zu entdecken und Mut zur Verantwortung zu beweisen. Das stärkt ihr Selbstbewusstsein und ihre Führungskompetenz.« Und wer derart gestärkte und kompetente Mitarbeiter hat, muss sich um ein gutes Betriebsklima (fast) keine Sorgen mehr machen.

14
Fordern und Fördern
Friedrichs Personalpolitik

In einem Unternehmen kommt es nicht nur darauf an, fähige Mitarbeiter zu finden und zu binden – sie müssen auch entsprechend ihrer Fähigkeiten sinnvoll eingesetzt werden. Moderne Unternehmen investieren heute viel Zeit und Geld in die Weiterbildung ihrer Belegschaft, sie fordern und fördern, damit die größtmögliche Wertschöpfung entfaltet werden kann. Zu den populärsten Weiterbildungsmaßnahmen gehört das Zeitmanagement. Arbeitszeit effektiv zu nutzen ist eine der wichtigsten Fähigkeiten in der Arbeitswelt von heute. Nicht immer ist am produktivsten, wer die meisten Überstunden vorweisen kann. Fleiß ist relativ: Entscheidend ist es, Prioritäten richtig setzen zu können und anstehende Aufgaben fokussiert zu erledigen.

Kontinuierlich hohe Leistungen sind wichtig; einzelne Höchstleitungen allein machen noch keinen guten Manager. Workaholics als Manager haben den Drang, möglichst immer zu arbeiten. Das ruiniert nicht nur ihre Gesundheit, sondern ist auch durch die physische und psychische Überforderung risikoreich für das Unternehmen. Darüber hinaus leidet die Managementkultur, weil einer oder wenige ihre eigenen Arbeitsnormen aufstellen und zu Zeiten arbeiten, wo die meisten anderen nicht mehr im Büro sind. Das Topmanagement ist häufig geneigt, dieses Angebot einer unentgeltlichen Leistung anzunehmen, ohne sich über die Folgen im Klaren zu sein.

Auch der Alte Fritz kannte den Nutzen des Zeitmanagements. Als sich einmal das Generaldirektorium über Arbeitsüberlastung beschwerte, antwortete er: »Wenn Sie fleißig arbeiten, so können Sie Ihre Arbeit des Morgens in laufenden Angelegenheiten in drei Stunden verrichten; wenn Sie sich aber Geschichten erzählen, Zeitungen lesen, so ist der ganze Tag nicht lang genug!« Einen Arbeitsbericht derselben Behörde kommentierte er wie folgt: »Sie sollen nicht so faul sein, nicht so viel reisen, sondern mehr arbeiten, sodass in Angelegenheiten, die sofortiger Abhilfe bedürfen, dies nicht versäumt wird. Sie aber beraten heute, was Sie schon vorgestern hätten tun sollen. Dies ist fürs Erste eine Erinnerung; Sie sollten sich in Acht nehmen, dass es nicht schlimmer kommt!«

Irgendwie fühlt man sich bei der Lektüre dieser Beschreibung ein klein wenig an unsere modernen Staatsdiener erinnert: Politiker reisen viel – sind im Grunde ständig unterwegs – und debattieren lang und breit über Themen, die einer schnellen Lösung bedürfen. Man vertagt sich auch bisweilen gern dabei, wenn es nicht gelingt, zu einem Schluss zu kommen. Da ist es nur natürlich, dass diese Politikereigenheiten gern belacht und auch besungen werden. Reinhard Mey und sein spöttisches Lied »Lass sie reisen« sind nur eines von vielen Beispielen – und auch er wundert sich angesichts der Gestalten, die sich auf dem Parkett der Politik tummeln, darüber, »dass trotz so vieler Politiker noch so viel funktioniert«, dass »es nicht schlimmer kommt!« Man könnte den Politikern auch zurufen, was Friedrich einem Samtmacher, der sich um eine Anstellung bei ihm bewarb, als Anweisung mitgibt: »Er soll hübsch arbeiten und keine Narrenpossen sich in den Kopf setzen.« Friedrich hat es an anderer Stelle allerdings noch wesentlich schöner formuliert: »Es kommt nicht darauf an, dass ein Mensch den Faden seines trägen und unnützen Lebens ausspinnt bis zum Alter des Methusalem; sondern je mehr einer gedacht, je mehr schöne und nützliche Taten er vollbracht hat, desto mehr hat er gelebt.«

Für die Auswahl von Managern stand für Friedrich die Leistungsfähigkeit im Vordergrund: »Was das Generaldirektorium betrifft, so ist es besser, dass Leute von Verstand, wenn auch von zweifelhafter Redlichkeit darin sitzen, als Dumme aber ehrliche Leute. Sobald der Herrscher sie kennt, kann er sie im Zaum halten und sie zur Rechtschaffenheit zwingen. Sind sie aber einfältig, so kann er mit ihnen nichts anfangen.«

In puncto Effektivität war Friedrich aber nicht nur mit dem Zeitmanagement seiner Verwaltung unzufrieden. Ihn störte auch deren Umgang mit den Finanzen. Dies kommt in folgender Kabinettsorder an besagtes Generaldirektorium zum Ausdruck, in der Friedrich der Behörde die Arbeit eines einfachen Bauern vorhält und behauptet, dass es weit besser sei, »wenn dieser Bauer die 298 Taler kriegt und dadurch erhalten wird, als wenn alle Quartal 2 000 Taler für Buchdrucker- und Buchbinderarbeit, auch Schreibereien, auch anderes derartiges Zeug, verschwendet werden. Das sind alles unnütze Ausgaben und es ist gar nicht abzusehen, wie so grausam viel Geld dazu nötig ist, und wird also dem Generaldirektorium als

Erstes hierdurch aufgegeben, darunter auf eine bessere Menage und Ökonomie zu sehen und das Geld nicht so wegzuschmeißen, sondern es so zu gebrauchen, wo es besser angewandt ist, als zur Conservation der Untertanen, damit sie bei ihren Höfen erhalten werden und nicht übern Haufen gehen – das ist besser wie alle unnütze Schreibereien.« Ein herber Schlag gegen die Bürokratie. An Friedrichs Kritik könnte sich so manche Behörde – und vielleicht auch so manches Unternehmen – ein Beispiel nehmen.

Aber genug der Schadenfreude. Dass immer noch viele staatliche Einrichtungen nach dem Motto funktionieren »Warum einfach, wenn's auch kompliziert geht?«, behindert ja nicht zuletzt den modernen Unternehmergeist. Wer einen Betrieb eröffnen, ein Gewerbe anmelden – kurz: sich selbstständig machen – will, dem werden viele Hindernisse in den Weg gelegt. Bis man sich durch all die Anträge, Auflagen und Bedingungen gewurstelt hat, bis die Behörden alles gesichtet und (im besten Fall) bewilligt haben und bis schließlich alles unter Dach und Fach ist, ist viel Zeit ins Land gegangen. Doch nicht nur angehende Selbstständige müssen viel Zeit und Energie auf »Behördenkram« verschwenden: Auch bestehende Unternehmen sind gezwungen, den Staat über all ihre Aktivitäten auf dem Laufenden zu halten. Von der Meldepflicht bei der Beförderung von Personen bis zur Steuererklärung – alles kostet einen Betrieb Zeit und Kraft. Sicher haben diese Regelungen auch ihre Berechtigung – aber könnte man das nicht auch einfacher haben? Weshalb muss man – übertrieben gesprochen – einen Antrag auf einen Antrag stellen?

Jede Fachkraft zahlt sich aus – sei es in der Verwaltung oder auch in der Herstellung. Schließlich braucht ein speziell ausgebildeter Fachmann nur halb so viel Zeit wie ein Nichtfachmann, wenn es um die zügige Erledigung bestimmter fachspezifischer Aufgaben geht. Das gilt auch und gerade für Führungskräfte, die ihre Aufgaben mit besonderer Zielstrebigkeit und stets erfolgsorientiert wahrnehmen müssen.

Wer bei Friedrich eine leitende Stellung innehaben wollte, musste jedenfalls mit ganzer Seele dabei sein. Wankelmut mochte der Preußenkönig nicht. So wurde auch das Gesuch eines Offiziers, der zunächst seinen Abschied erbeten hatte und nun wieder eingestellt werden wollte, barsch quittiert: »Die Armee ist kein Bordell, wo man herein und heraus läuft. Hat er quittiert, so hat er keine Ambition, und dergleichen Offiziere sind mir ein Gräuel!« Von Mitarbeiterrückgewinnung hielt Friedrich also nichts. Wer einmal gegangen war, der konnte sehen, wo er blieb.

Friedrichs Einstellung ist durchaus nachvollziehbar – keine Frage. Denn Zielstrebigkeit ist eine wichtige Voraussetzung für effektives Arbeiten. Ein Arbeiter, der nur halbherzig bei der Sache ist, ein Teamleiter, der seinen Leuten keine konkreten oder – noch schlimmer – nur widersprüchliche Anweisungen geben kann, ein Manager, der kein Ziel vor Augen hat, bringen einem Unternehmen nur Verluste ein. Deshalb wird heute bei Einstellungsgesprächen sehr genau erforscht, ob der Bewerber die richtige Vorstellung von seiner künftigen Aufgabe hat – ob er sich damit auseinandergesetzt hat und ob er tatsächlich bereit ist, diese Herausforderung anzunehmen.

Nicht selten fragen Personaler auch danach, wie sich der Kandidat seine Karriere im Unternehmen konkret vorstellt. So lässt sich sehr schnell erkennen, ob der künftige Mitarbeiter sich Ziele gesetzt hat und auch bereit ist, mit vollem Einsatz dafür zu kämpfen. Nur auf diese Weise – durch eingehendes Prüfen der Anwärter auf eine vakante Stelle – gelingt es besser (aber leider nicht immer), den Richtigen herauszupicken und so einen wertvollen Mitarbeiter an Bord zu holen und zu gewährleisten, dass er dem Unternehmen auch für längere Zeit erhalten bleibt.

Neben dem Personalverantwortlichen muss auch der Chef eines Unternehmens über ein ausreichendes Maß an Menschenkenntnis verfügen. Auch Friedrich betrachtete diese Fähigkeit als eine der wichtigsten, die ein Herrscher besitzen muss. Denn er muss »die Leute ergründen, deren er sich bedienen will. Er muss ihre Verdienste, ihre starken und schwachen Seiten in Erfahrung bringen, um jeden seinen Fähigkeiten entsprechend zu verwenden. Herrscher, die ihre Minister und Generale allein nach ihrer äußeren Erscheinung beurteilen, übertragen die Verwaltung ihrer Finanzen einem Schurken von liebenswürdigem Äußern, eine kühne Unternehmung im Felde einem langsamen General, den sie für tatendurstig hielten, einen Auftrag, der Klugheit erheischt, einem Leichtfuß, der die Ehre genießt, ihnen Kuppeldienste zu leisten. Dadurch verderben sie alles. Nur wenige Menschen sind ohne Talent geboren. Jeden auf den rechten Platz stellen heißt doppelten Vorteil aus allen ziehen. Dann täuscht man sich nicht und gibt dem Staatskörper erhöhte Kraft und Stärke, weil alles in seinem Dienste steht und alles nützliche Dienste zu leisten vermag.« Und

Friedrich kannte seine Untergebenen sehr gut. Er wusste genau, wer für welche Aufgabe am besten geeignet war: Als einmal ein Generalmajor darum ersuchte, zusammen mit dem Kammerpräsidenten eine Inspektionsreise machen zu dürfen, entschied Friedrich: »Das ist gut, aber der Präsident ist ein dummer Teufel. Er soll den Direktor mitnehmen.«

Einem Chef wird also viel abverlangt: Er muss sich nicht nur in seinem (wirtschaftlichen oder auch technischen) Metier auskennen, die Firma am Laufen halten, die richtigen strategischen Entscheidungen zur rechten Zeit treffen, sondern auch noch Menschenkenner, ja fast Psychologe und Pädagoge sein. Und natürlich ist es schwierig, einem Bewerber in einem halbstündigen Vorstellungsgespräch auch auf den letzten Zahn zu fühlen. Ein gerüttelt Maß an Intuition und Erfahrung mit Menschen gehört hier einfach dazu. Aber auch die richtige und gründliche Vorbereitung: Der Chef sollte genau wissen, was er von den Bewerbern erwartet, welche Kompetenzen er oder sie mitbringen sollte und welche Aufgaben zu erfüllen sind. Dann fällt es leichter, die richtigen Fragen zu stellen – und vielleicht auch einmal genauer nachzufragen. Friedrich hatte allerdings manchmal ganz eigene Vorstellungen davon, wer sich am besten für ein bestimmtes Amt eignet: Als es einmal darum ging, wer der neue Kreisarzt werden sollte, wies Friedrich an: »Der am menschlichsten ist und am wenigsten Leute umgebracht hat.«

Zum Glück können sich Führungskräfte in größeren Firmen heutzutage auf ihre Personalabteilung verlassen, in der zumeist genügend Quereinsteiger mit psychologischer oder pädagogischer Vorbildung zu finden sind – denn es geht ja nicht nur um die fachlichen Kompetenzen, sondern auch um die neuerdings viel beschworenen »Soft Skills«. Hilfreich ist es natürlich, wenn Personaler und Chef das Team, in dem der oder die »Neue« arbeiten soll, genau kennen und wissen, welche Persönlichkeit die Teamarbeit noch effizienter werden lassen könnte. Fehlt vielleicht jemand, der die vielen guten Ideen gut strukturieren und präzise darstellen kann? Oder täte jemand gut, der durch sein sonniges Wesen den Stress, den das eine oder andere Projekt mit sich bringt, auffangen und die Truppe etwas lockerer werden lässt? Oder ist ein ausgesprochenes Kommunikationstalent vonnöten, das die innovativen Entwicklungen sowohl innerhalb der Firma als auch gegenüber den Kunden überzeugt präsentieren kann? Hier braucht es viel Fingerspitzengefühl und ein glückliches Händchen.

Ist die Mannschaft dann erfolgreich zusammengestellt, ist die Führungskraft weiter gefordert – mit Fördern und Fordern! Denn, um mit Friedrich zu sprechen: »Die Truppen sind der Pfeiler des Staates. Erhält man sie nicht mit unablässiger Aufmerksamkeit in notwendiger Ordnung und Vortrefflichkeit, so droht dem Staate der Untergang.« Der richtigen Lenkung und dem aufmerksamen Auge des Lenkers kommt nach Friedrich ein wichtiger Part zu, wenn es darum geht, ein Team zum Erfolg zu führen. Aber je nachdem, wie das Team zusammengesetzt ist, braucht es einen anderen Führungsstil. Friedrich erläutert das so: »Zunächst gilt es, den Geist der Völker, die man regieren soll, zu erfassen, damit man weiß, ob sie mild oder streng regiert werden müssen, ob sie rebellisch sind, ob sie zu Unruhen, Intrigen, zur Spottlust usw. neigen, worin ihre Talente bestehen und zu welchen Ämtern sie sich am meisten eignen.« Da ist viel Wahres dran. Ein Vorgesetzter muss ein gutes Gespür für seine Mitarbeiter gewinnen, um aus ihnen das Beste herauszuholen. Gibt es viele kreative Spaßvögel im Team, muss man sie vielleicht eine Weile wild herumschwirren lassen, bis man sie wieder zur Ordnung ruft. Etwas unsicheren Mitarbeitern kann es guttun, wenn sie mit weniger strenger Hand geführt und öfter gelobt und ermutigt werden. Und allzu Ehrgeizige muss man sich vielleicht doch einmal im Einzelgespräch zur Brust nehmen und sie daran erinnern, dass es nicht um persönliche Profilierung, sondern um ein gemeinsames Vorankommen im Team geht. Denn so meinte auch Friedrich: »Die echte Kraft des Staates beruht darin, dass alle Mitglieder von gleichem Eifer beseelt sind und das allgemeine Beste jedem Einzelnen am Herzen liegt.«

Bei der Auswahl der Mitglieder und beim Führungsstil muss es um das Wohl des Teams gehen, damit es optimal zusammenarbeiten kann. Und auch Friedrich wusste, dass die gute Stimmung im Team entscheidend ist: Als ein Leutnant im Siebenjährigen Krieg den Soldaten auf dem Marsche das Singen untersagte, fuhr ihn der König an: »Herr! Lass Er meine Leute vergnügt sein! Denkt Er, dass er Sklaven unter sich hat? Nein, es sind meine Preußen! Kinder, singt fort, ich will euch nicht stören!« Was der Motivation dient, darf nicht unterbunden werden – und Friedrich kannte »seine« Preußen gut genug, um zu wissen, dass ein Lied auf den Lippen die Arbeit leichter von der Hand gehen lässt. Wie gesagt –

auch ein Chef, der über die Karrieren seiner Untergebenen entscheidet, muss über Menschenkenntnis verfügen. Leider ist diese für Friedrich so wichtige Fähigkeit bei vielen Führungskräften nicht vorhanden.

Wichtig ist auch, die richtigen Leute einzustellen und einzubinden. Man darf sich dabei nicht von der Ausbildung bluffen lassen. Die USA mit ihrem ausgeprägten und erfolgreichen Kapitalismus erfüllten nach dem Krieg eine Vorbildfunktion. Die dort entwickelten Theorien wurden und werden als Heilslehren verbreitet. Viele Manager sind durch diese amerikanischen Managementmethoden geprägt. Jemand, der einen Master of Business Administration (MBA) absolviert hat, hat jedoch damit nicht zwangsläufig die besten Voraussetzungen für eine Führungsposition. Kritische Reflexion über das eigene Tun und soziale Aspekte haben heute bei einem MBA meist keinen Platz; sie kommen weder in der verbreiteten Theorie des Managements noch in den darauf aufbauenden Fallstudien vor. Das Ergebnis ist der Typus des geldorientierten Menschen, dessen Wirtschafts- und Weltverständnis durch die monetäre Quantifizierbarkeit von Businessplänen limitiert ist.

Ob jemand befördert wird oder nicht, entscheiden oft nur Zahlen, nicht die wirkliche Leistung und Fähigkeit des Mitarbeiters. So geschieht es immer wieder, dass in einem Unternehmen eine Abteilung auf Kosten einer anderen »Gewinne« macht – und dabei letzten Endes dem Gesamtunternehmen schadet. Dennoch wird der Abteilungsleiter hoch gelobt und entsprechend höher besoldet. Auch werden nur in den seltensten Fällen Mitarbeiter an einer anderen als der gewohnten Stelle eingesetzt, wenn sich herausstellt, dass ihre Talente auf einem anderen Gebiet liegen.

Dabei liegen hier große Potenziale verborgen. Wer sich die Zeit nimmt, seine Mitarbeiter besser kennenzulernen, kann so manche positive Überraschung erleben. Und wer sich dann noch Gedanken darüber macht, wie er die Talente des Betreffenden am besten einspannen kann, gewinnt viel. Inzwischen haben doch einige Firmen erkannt, wie wichtig es ist, die Mitarbeiterschaft immer wieder etwas genauer unter die Lupe zu nehmen. Wer will schon, dass fähige, jedoch an der falschen Stelle eingesetzte Arbeitnehmer oder gar im Betrieb ausgebildete Nachwuchskräfte das Unternehmen verlassen, weil sie sich fehl am Platze fühlen und ihre Potenziale nicht verwirklichen können? Besonders ärgerlich ist es natürlich, wenn einem Unternehmen auf diese Weise ein sogenannter »High Potential« durch die Lappen geht.

Eine gute Gelegenheit zu überprüfen, ob sich die Mitarbeiter am richtigen Platz befinden, ob sie sich im richtigen Maße gefordert, aber nicht überfordert fühlen, ob sie ihren Aufgaben gewachsen oder schon über sie hinausgewachsen sind, ist das jährliche Mitarbeitergespräch – das übrigens auch Friedrich mit seinen Offizieren führte, und zwar nicht nur einmal im Jahr. Diese wichtigen Termine werden jedoch häufig zugunsten anderer Aufgaben vernachlässigt. Wenn es dem Vorgesetzten gelingt, eine offene Gesprächsatmosphäre zu schaffen, in der Kritik oder auch Unzufriedenheit geäußert werden dürfen, besteht hier eine hervorragende Möglichkeit, den Mitarbeiter so im Unternehmen zu platzieren, dass er bestens motiviert beste Arbeit zu leisten vermag. Denn vielleicht ergibt sich im Gespräch, dass in einem Mitarbeiter verborgene Talente schlummern? Das könnte beispielsweise so aussehen: Herr Quantner saß bis jetzt eher unscheinbar in der Buchhaltung und machte seine Arbeit sehr sorgfältig und gewissenhaft. Im Mitarbeitergespräch erzählt seine Chefin Frau Grunewald vom Fußballderby in der Heimatstadt vom letzten Sonntag, das sie mit großer Begeisterung verfolgt hat. Ein Wort ergibt das andere, und plötzlich stellt sich heraus, dass Herr Quantner seit frühester Jugend die E- und F-Jugend des örtlichen Fußballvereins trainiert. Frau Grunewald hört genauer hin und stellt überrascht fest, dass Herr Quantner ein echter Teamleader ist, der seine kleinen Fußballer immer wieder zu Höchstleistungen motivieren kann. Und sie wollte schon eine Stelle für einen zusätzlichen Ansprechpartner für die Auszubildenden ausschreiben! Diesen unnötigen Aufwand kann sie sich jetzt sparen: Herr Quantner ist für diese Position geradezu prädestiniert.

Solche Talente müssen frühzeitig erkannt und gefördert werden. Nicht umsonst schreibt die DQS GmbH – die Deutsche Gesellschaft zur Zertifizierung von Managementsystemen – in einer ihrer Broschüren zum Thema Personalmanagement: »Viele Mitarbeiter haben Talente und Begabungen jenseits ihrer für die jeweilige Stelle geforderten formalen Qualifikationen. Nutzen Sie ganz systematisch bisher ungenutzte oder verschüttete Kompetenzen und Fähigkeiten und machen Sie diese verborgenen Ressourcen zur Basis einer nachhaltigen Personalentwicklung. Talentmarketing und ›Diversity

Management‹ sind der Schlüssel eines modernen und innovativen Personalmanagements.«

Abschließend noch eine kleine Anekdote im Hinblick auf eine Führungsmethode, die zwar nicht als nachahmenswert empfohlen wird, aber das einzigartige Talent Friedrichs zeigt, Konflikte mit seinen Untergebenen pragmatisch, lösungsorientiert und zügig selbst zu meistern. Sein Rezept war absolutistisch: Ungehinderte Machtfülle kombiniert mit präziser Menschenkenntnis und dem richtigen Maß an persönlichem Einsatz. Als Experte des legendären preußischen Drills wusste Friedrich, dass dieser auch in den absurdesten Situationen funktionieren würde. Eines Tages bewegte sich ein Trupp unzufriedener Soldaten auf das Schloss Sanssouci zu, um sich beim König über die Bedingungen in der Armee zu beschweren. Friedrich sah sie schon von ferne kommen. Er setzte seinen Hut auf, steckte seinen Degen ein und trat vor die Tür. Bevor auch nur ein Soldat den Mund aufmachen konnte, rief ihnen Friedrich entgegen: »Halt! – Richt euch! – Linksum kehrt! – Marsch!« – und die Soldaten taten wie geheißen.

15
Hart, aber fair
Friedrichs Führungsstil

Führungsstile waren schon immer bestimmten Moden unterworfen: Mal war der autoritäre Führungsstil »in«, mal der kooperative, dann wieder der Laissez-faire-Stil. Doch zu jedem dieser Führungsstile gehört auch eine entsprechende Persönlichkeit. Nicht jeder Stil passt zu jedem.

In seinem »Fürstenspiegel« aus dem Jahr 1744 gibt Friedrich dem jungen Herzog Karl Eugen von Württemberg den Rat: »Seien Sie fest in Ihren Entschließungen! Erwägen Sie zuvor das Für und Wider; sobald Sie aber Ihren Willen einmal kundgegeben haben, ändern Sie nichts mehr daran! Sonst wird ein jeder Ihrer Autorität spotten, und Sie würden für einen Mann gehalten werden, auf den man nicht bauen kann.« Dieser Ratschlag bringt eine Erkenntnis deutlich zum Ausdruck: Für welchen Führungsstil man sich auch entscheidet, Wankelmut führt niemals zum Erfolg, sondern höchstens zu um sich greifender Verunsicherung.

Wer gelobt wird, arbeitet lieber und besser. Daher sparte auch Friedrich niemals an Lob – wo es angebracht war. So ließ er nach der siegreichen Schlacht bei Hohenfriedberg im Ersten Schlesischen Krieg seine Soldaten wissen: »Die Welt ruht nicht sicherer auf den Schultern des Atlas als Preußen auf einer solchen Armee.« Wo es nötig war, tadelte er aber auch. Als das Regiment Anhalt-Bernburg bei der Belagerung Dresdens vor einem feindlichen Ausfall feige zurückgewichen war, ließ Friedrich den Soldaten die Bajonette und den Offizieren ihre Huttressen abnehmen. Dies war für das Regiment eine überaus große Kränkung, und sie beschlossen, sich die verlorene Ehre schleunigst zurückzuerkämpfen. So übertrafen sie sich bei der Schlacht bei Liegnitz selbst. Der König registrierte dies sehr wohl und ritt nach dem Kampf zu dem Regiment. Die Offiziere schwiegen, die Soldaten flehten um die verlorene Gnade. Daraufhin sprach der König: »Ja, Kinder, ihr sollt sie wiederhaben und alles soll vergessen sein!« Noch am selben Tag hatten die Soldaten wieder ihre Bajonette und die Offiziere ihre Tressen.

Der König forderte von jedem, die Wahrheit zu sagen, auch wenn sie ihm nicht angenehm war. Dem englischen Gesandten Mitchell gegenüber äußerte er: »Der Größte aller Fürsten ist der, welcher die Wahrheit liebt und sucht; neben ihm stelle ich den achtenswerten Mann, der den Mut hat, sie ihm zu sagen.« Und einem schlesischen Minister sagte er 1770: »… muss immediate, aber auch aufrichtig sein, sonst verliert er seinen Credit, versteht Er Mich.« Tatsächlich sah die Realität natürlich häufig anders aus. Ungünstige Meinungen nahm Friedrich ungern entgegen, günstige ließ er sich gegebenenfalls zweimal erzählen. Ähnliches erlebt man immer wieder im Geschäftsleben.

Junge, fähige Soldaten wusste er geschickt in ihrem Selbstbewusstsein zu stärken und zu motivieren. So erklärte er Graf Wedell, einem der jüngsten Generale seiner Armee: »Bei dem Heer stellt Er nunmehr meine Person vor; was Er befiehlt, geschieht in meinem Namen, als wäre ich selbst gegenwärtig. Ich habe Ihn bei Leuthen kennengelernt und setze in Ihn das unbegrenzte Vertrauen. Ich befehle Ihm, die Russen anzugreifen, wo Er sie findet, sie tüchtig zu schlagen und dadurch ihre Vereinigung mit den Österreichern zu verhindern.« Friedrich zeigt hier, dass er in seinen General großes Vertrauen hat: Er traut ihm zu, seine Aufgabe gut zu erledigen – und damit hat er fast schon die Garantie, dass Wedell seine Erwartungen erfüllen wird. So nimmt er intuitiv voraus, was in den 1960er-Jahren der amerikanische Psychologe Robert Rosenthal erforschte und als Rosenthal- oder Pygmalioneffekt bekannt ist. Er fand heraus, dass die Erwartungshaltung großen Einfluss auf das Verhalten der Versuchspersonen hatte. In zwei Grundschulklassen erzielten diejenigen die höchsten IQ-Zuwächse, die ein Jahr zuvor von den Forschern willkürlich als besonders talentiert bezeichnet worden waren. Wenn im Arbeitsleben der Chef davon überzeugt ist, dass ein bestimmter Mitarbeiter eine Aufgabe gut erfüllen wird und ihn diese Erwartungshaltung auch spüren lässt, wird dieser Mitarbeiter unbewusst diese Erwartung erfüllen – denn er spürt, dass der Vorgesetzte viel von ihm hält, und wird dadurch zu einer guten Leistung motiviert. Umgekehrt funktioniert das Ganze natürlich auch: Falls der Vorgesetzte von vornherein vom Versagen seines Mitarbeiters ausgeht, wird sich der Mitarbeiter auch an diese Vorstellung anpassen und ineffektiv arbeiten und/oder schlechte Ergebnisse erzielen.

Das heißt, der Vorgesetzte steuert maßgeblich das Leistungsvermögen und die Leistungsbereitschaft seiner Mitarbeiter. Aber wie kann das funktionieren? Geht der Chef davon aus, dass ein Mitarbeiter Erfolg haben wird, signalisiert er das durch kleine Gesten, subtile Verhaltensweisen, Wortwahl und Kommunikationsweise – alles in allem: Er schafft ein motivierendes, positives Arbeitsklima, in dem sich der Mitarbeiter wohlfühlen und in dem er alle seine Talente und seine Kreativität entfalten kann. Er ist frei von dem Gefühl, alles, was er tut, sei ohnehin sinnlos, da der Chef seine Arbeit noch einmal überarbeiten wird, weil sie dessen hehren Ansprüchen nicht genügt. Demotivierend kann es außerdem wirken, wenn der Chef seinem Mitarbeiter nicht wohlwollend gegenübertritt und ihn absichtlich missverstehen will oder ihm mit dauernder Besserwisserei zu deutlich macht, dass er sich sowieso für den Intelligenteren und Erfolgreicheren hält. Mitarbeiter fühlen sich außerdem wenig anerkannt, wenn der Chef persönlich stets Distanz zu ihnen hält und ihnen nicht die Chance gibt, den Vorgesetzten auch auf einer menschlichen Ebene kennenzulernen. Mitarbeiter brauchen zudem Rückmeldungen zu ihrer Arbeit, sie möchten, dass man ihnen zuhört und auf sie eingeht, und sie wünschen sich, in Entscheidungen einbezogen zu werden – damit fühlen sie sich als wichtiger Teil des Unternehmens.

Obwohl Friedrich manchen seiner Untergebenen viel zutraute, war eine seiner großen Schwächen, dass er nicht delegieren konnte. Über alles und jeden musste er selbst wachen. Wer zu früheren Zeiten wenigstens noch eine beratende Funktion hatte, war nun lediglich Instrument, um des Königs Willen auszuführen bzw. ausführen zu lassen. Auch in seine Soldaten setzte er kein allzu großes Vertrauen: »Der größte Teil der Armee besteht aus nachlässigen Leuten. Sitzt der Heerführer ihnen nicht beständig auf den Hacken, so gerät die ganze kunstvolle und vollkommene Maschine sehr bald in Unordnung.«

Leider war Friedrich auch nicht frei von negativen Erwartungen – und das kann mehr schaden als nützen. Es passt natürlich gut zu seinem eher autoritären Führungsstil, dass er seinen Leuten immer auf die Finger schauen wollte. Aber heute sollte die Devise eher lauten: Dem Mitarbeiter so viel Verantwortung wie möglich übertragen, klare Ziele – vielleicht auch mit Zwischenschritten – formulieren, die für ihn auch erreichbar sind. Leistung einfordern und mit einer positiven Erwartungshaltung signalisieren, dass man dem Team viel zutraut. Zeit und Raum für Kreativität geben. Bei Schwierigkeiten und Problemen helfen, unterstützen und gemeinsam nach einer Lösung suchen. Rückmeldung über die Wahrnehmung der Leistung und der Problemlösungsstrategien geben. Und last but not least: die Leistung des Mitarbeiters anerkennen – durch ein ehrliches Lob werden positive menschliche Zuwendung und persönliche Beachtung, aufrichtiges Interesse und Freundlichkeit signalisiert.

Allerdings hatte Friedrichs Mangel an Delegationsfähigkeit auch eine gute Seite: Friedrich wusste Bescheid. Und da er mit einem exzellenten Gedächtnis ausgestattet war, beugte dies so mancher Fehlentscheidung vor. Als ihm einmal die Bestätigung der Wahl eines Landrats zur Unterschrift vorgelegt wurde, stutzte er: Den Namen des Vorgeschlagenen brachte er mit einem unangenehmen

Vorfall in Verbindung. Er ließ sich die Akten bringen und stellte fest: »Dieser Mann hat mit seiner Mutter um einige Hufen Acker einen weitläufigen Prozess geführt und sie hat um eine solche Lumperei auf ihrem Sterbelager noch einen Eid schwören müssen. Wie kann ich von einem solchen Menschen erwarten, dass er für das Beste meiner Untertanen sorgen wird? Daraus wird nichts, man mag einen anderen wählen!«

Ein so gutes Gedächtnis ist natürlich beachtlich – heute stehen Personalern technische Errungenschaften wie das Internet zur Seite, wenn sie über einen Bewerber mehr erfahren möchten, als die eingereichten Unterlagen zu sagen bereit sind. Und da ist doch mehr zu finden, als manch einem Arbeitssuchenden lieb sein kann – private Fotos von einem allzu feuchtfröhlichen Grillfest, Lästereien in Foren über den letzten Arbeitgeber oder die detailreichen Vorstellungen über eine künftige Partnerin. »Ein Bewerber muss sich überlegen, was er aktiv ins Netz hineinstellt«, sagt Susanna Wieseneder, Personal Counselor und Reputationsforscherin aus Wien. Nach einer Studie des Bundesverbands Deutscher Unternehmensberater (BDU) in Bonn nutzt bereits ein Drittel aller Personalberater das Internet, um sich über die Bewerber zu informieren. Wieseneder bestätigt: »Für Personaler besitzt das Internet eine rasant steigende Bedeutung.« Da kann es passieren, dass ein Bewerber keine Einladung zu einem Vorstellungsgespräch erhält, weil der Personaler Unliebsames im Internet gefunden hat. Und meist erfährt der Kandidat nicht einmal den wahren Grund für die Absage. Lästereien im Internet rächen sich, meint Susanna Wieseneder. Oft sind es aber nicht einmal die Fehltritte im Privatleben: »Die Experten interessieren sich vor allem für Zusatzinfos. Etwa welche ehrenamtlichen Ämter ein Kandidat ausübt«, berichtet Wolfgang Lichius, Vorsitzender des BDU-Fachverbands Personalberatung. Wichtig wird dies vor allem bei Positionen, in denen der künftige Mitarbeiter viel in der Öffentlichkeit steht – zum Beispiel bei Führungskräften, aber auch bei Pressesprechern.

Über das Internet konnte sich Friedrich natürlich noch nicht gegen unter Umständen aufmüpfige Untergebene absichern, aber mithilfe seines autoritären Führungsstils hatte er seine Mannschaft meistens im Griff und duldete auch keinen Widerspruch. Als das Generaldirektorium einmal Einspruch gegen eine königliche Kabinettsorder einlegte, antwortete er verdrießlich: »Die Herren sind bestellt, meine Arbeit auszuführen, aber nicht zu intervenieren, oder diejenigen, die sich nicht in ihre Schranken halten, werde ich ohne Zögern aus dem Dienst entlassen. Sie müssen gehorsamer sich regieren lassen und nicht regieren.«

Ein solch autoritärer Führungsstil sollte heute eigentlich nicht mehr allzu oft vorkommen. Doch gerade an Universitäten, die doch als Orte der Freiheit des Denkens gelten sollten, mit ihrer immer noch sehr strengen Hierarchie ist er an der einen oder anderen Stelle doch noch anzutreffen. Da beraumt der Professor am Freitagnachmittag noch schnell ein Meeting mit seinen Mitarbeitern an, um ihnen von seinen neuesten Ideen zur Erforschung des menschlichen Genoms zu berichten, und wirft Fragen auf, die er bis Montagmorgen beantwortet haben möchte. Und wer nicht bereit ist, das Wochenende dranzugeben, darf sich sicher sein, dass die Doktorarbeit, sei sie auch noch so gut, nicht mit »Summa« bewertet wird. Und es geht die Anekdote von einem Germanistikprofessor um, der seine Hilfskräfte gerne zu jeder Tages- und Nachtzeit anrief und abends um elf das Gespräch mit den Worten einleitete: »Sie sitzen doch immer noch am Schreibtisch, nicht wahr? Recherchieren Sie bis morgen mal, ...« – oder morgens um sieben: »Sie sitzen doch bestimmt schon am Schreibtisch! Finden Sie mal heraus, ob ...« Auch wer die Thesen des Herrn Professor nicht ausgiebig in der eigenen Dissertation breittritt und entsprechend würdigt, vielleicht sogar wagt, sie kritisch zu hinterfragen, macht es sich nicht unbedingt leichter.

Befördert wurde bei Friedrich nur, wer auch etwas geleistet hatte. So lehnte er das Gesuch eines Hauptmanns vom Neumärkischen Regiment mit den Worten ab: »Das Regiment ist beständig vor den Feind gelaufen und muss er notwendig allerwegen mitgelaufen sein. Ich avanciere die Offiziere, die einen Feind geschlagen haben, aber nicht diejenigen, die nirgends sich gehalten haben.«

Die Beförderung nach dem Leistungsprinzip sollte heute eigentlich allgemeiner Standard sein. Bei Unilever zum Beispiel gilt: »Wir lassen uns bei der Einstellung, Beschäftigung und Beförderung von Mitarbeitern ausschließlich von deren Qualifikation und Eignung für die vorgesehene Tätigkeit leiten.« Aber nicht nur die Arbeitsergebnisse eines Mitarbeiters dürfen ausschlaggebend sein, ihn auf eine ranghöhere Position zu setzen. Auch andere Fähigkeiten müssen beachtet werden, damit man mit der Beförderung nicht mehr Schaden als

Nutzen anrichtet, zum Beispiel wenn sich der Mitarbeiter auf seiner neuen Position restlos überfordert fühlt und den vielleicht jetzt auf ihn zukommenden Führungsaufgaben nicht gewachsen ist. Problematisch kann es auch werden, wenn der Mitarbeiter durch den Rollenwechsel – vom Kollegen zum Teamleiter oder Vorgesetzten – Schwierigkeiten hat. Konnte der Mitarbeiter bisher im Team alles »auf Augenhöhe« aussprechen – Ansichten über das Unternehmen, Sichtweisen auf laufende Projekte oder Meinungen über Personen, Arbeitslust und -frust –, hat er diese Freiheiten in der Führungsverantwortung nicht mehr in diesem Maß. Perspektive und Handlungsmöglichkeiten verändern sich, Befugnisse nehmen zu, und exklusive Informationen sind verfügbar, die nicht allen anderen Mitarbeitern zugänglich sind. Die neue Führungskraft steht plötzlich vor vielen Fragen: Darf sie die Informationen mit den Teammitgliedern, mit denen sie vielleicht sogar privat befreundet ist, teilen? Wie steht es mit der Loyalität zum Unternehmen, wenn man es tut? Oder ist es menschlich falsch, es nicht zu tun? Wie geht man mit Fehlverhalten der Mitarbeiter um, die früher Kollegen waren? Karl-Heinz Lorenz, Diplom-Betriebswirt (BA), Managementtrainer und Coach, rät allen »frischen« Führungskräften: »Nehmen Sie die Herausforderung an und identifizieren Sie sich mit der neuen Rolle. Machen Sie sich die damit verbundenen Veränderungen bewusst. Es gilt, die eigenen Arbeitsabläufe und Gewohnheiten zu prüfen und neu zu ordnen. Welche Ihrer Sachaufgaben, die Sie vorher als Mitarbeiter hatten, bleiben bei Ihnen, welche sind abzugeben? Auch die Gesamtbelastung verändert sich meist. Je früher Sie eine gute Balance zwischen Beruf und Privatleben erreichen, desto erfolgreicher und gleichzeitig befriedigender werden Sie beides erleben.«

Auch für neue Führungskräfte sollte die 100-Tage-Schonfrist gelten – erst dann ist eine aussagekräftige Beurteilung möglich, ob der Mitarbeiter seiner neuen Führungsrolle gerecht wird. Karl-Heinz Lorenz empfiehlt für diese erste Zeit: »Ein Vorgesetzter hat ein anderes, meist erweitertes, Spektrum an Aufgaben zu bewältigen und mehr Verantwortung zu tragen. Dafür stehen ihm zu Recht mehr Entscheidungskompetenzen zur Verfügung. Nutzen Sie diese überlegt und in der Anfangsphase eher zurückhaltend. Zeigen Sie Ihren ehemaligen Teamkollegen (und Vorgesetzten!), dass Sie die notwendige Souveränität und Gelassenheit mitbringen. Allzu forsches oder sogar arrogantes Verhalten würde schnell dazu führen, die Einstellung Ihres Teams Ihnen gegenüber negativ zu färben. Dennoch sollten Ihre Mitarbeiter und ehemaligen Kollegen auch spüren: Sie haben jetzt die Rolle des Vorgesetzten. Geben Sie klare Richtlinien vor, sofern dies gefordert ist. Zeigen Sie Entscheidungskompetenz und das notwendige dicke Fell, wenn auch einmal unbequeme Schritte eingeleitet und durchgesetzt werden müssen. Nichts mögen Mitarbeiter weniger als die spürbare oder sogar sichtbare Orientierungslosigkeit des direkten Vorgesetzten. Im Zweifelsfall gilt die Regel: Besser hart und gerecht als weich und bequem. Falls es Teamkollegen gibt, die Ihrer Beförderung kritisch oder ablehnend gegenüberstehen, suchen Sie das Gespräch. Versuchen Sie, über die Solidarität mit den gesteckten Zielen (für die Sache und das Unternehmen) und dem gemeinsamen Team ein konstruktives Miteinander zu erreichen. Machen Sie jedoch gleichzeitig klar, dass Sie von einer Zustimmung einzelner Kritiker im Team nicht abhängig sind und keine organisatorischen oder führungsmethodischen Sonderlösungen für diese installiert werden.«

Die Berater von EspressoCoaching weisen allerdings darauf hin, dass nicht immer eine Beförderung nötig ist, um tüchtigen Mitarbeitern Wertschätzung zu zeigen. Wenn gerade keine geeignete Stelle im Unternehmen vorhanden ist, kann man dem Mitarbeiter auch »mehr Kompetenzen in der bisherigen Aufgabe geben oder Spezialprojekte übertragen, ihm eine Stellvertretung übertragen oder ihn als langfristigen Nachfolger aufbauen, Mentoring- und Betreuungsaufgaben für junge und neue Mitarbeiter geben, die Lehrlingsausbildung oder Praktikantenbetreuung übertragen, ihm Prämien für spezielle Leistungen bezahlen oder ihm die fachliche oder persönliche Weiterbildung ermöglichen.«

Aber auch wenn die Beförderung auf eine Führungsposition geklappt hat, steht der Mitarbeiter nicht allein an der Spitze – er darf sich der Meinung seiner ehemaligen Kollegen, auch wenn sie nicht unbedingt der eigenen entspricht, nicht verschließen, oder, um mit dem Alten Fritz zu sprechen: »Der Heerführer tut gut daran, mit den einsichtsvollsten Generalen seiner Armee öfters vom Kriege zu sprechen. Er bringt sie auf allgemeine Fragen, hört ihre Meinungen an, und äußern sie dann in der freien Unterhaltung eine verständige Ansicht, so muss er sie benutzen, ohne sich anmerken zu lassen, dass er die Sache gut findet. Ist sie nachher aber ausgeführt und gelungen, so muss er im Beisein vieler Offiziere sagen: ›Den Erfolg dieser Sache verdanke ich dem und dem.‹ Dadurch schmeichelt er der Eigenliebe der anderen, erweckt ihr Interesse an den allgemeinen Dingen, und durch seine Bescheidenheit macht er sich keine Neider, sondern gewinnt Freunde.«

Seine Führungstätigkeit während eines Feldzugs beschreibt Friedrich in einem Brief an Voltaire wie folgt: »Da gilt es, Querköpfe zurechtzusetzen, Heißsporne zu zügeln, Faule anzutreiben, Ungeduldige im Zaum zu halten, Raubgierige in die Schranken des Rechts zu weisen, Schwätzer anzuhören und Stumme zu unterhalten. Kurz, man muss mit den Durstenden trinken, mit den Hungernden essen, mit den Juden zum Juden und mit den Heiden zum Heiden werden. Das ist meine Beschäftigung!«

16
Klar und deutlich
Friedrichs Kommunikationsstil

Die interne Unternehmenskommunikation – in diesem Bereich hakt es oft. Da wird entweder zu viel informiert oder zu wenig, oder es wird schlicht an die falschen Personen berichtet.

Die Leistungsfähigkeit und die niedrigen Investitions- und Betriebskosten moderner technischer Lösungen für die Kommunikation wie für Mobilfunk, E-Mail oder WLAN verführen dazu, viel zu kommunizieren: Seit alle allen etwas mitteilen können, tun sie es auch!

Friedrich wollte stets über alles informiert sein. Allerdings wollte er keine Romane zu lesen bekommen. Die Nachrichten sollten kurz und auf den Punkt sein. So sandte er an den Minister von Görne eine Kabinettsordre: »Hiermit erinnere ich Euch nochmals, in Euren Berichten nicht so abscheulich weitläufig zu sein, sondern gleich ad rem zu kommen und nicht 100 Wörter zu einer Sache zu gebrauchen, die mit zwei Wörtern gesagt werden kann. Ihr werdet daher solches künftig beobachten!«

Auch die Menschen von heute möchten angesichts der vielen E-Mails, Protokolle und Beschlusslagen keine Romane lesen müssen, sondern mehr oder weniger auf einen Blick das Wesentliche erfahren. Dennoch werden in den Unternehmen regelmäßig langatmige Besprechungen abgehalten, an denen auch Personen teilnehmen müssen, die es eigentlich gar nichts angeht. Oder aber es werden viele unterschiedliche Themen behandelt, und jeder muss die ganze Zeit dabei sein, ob das Thema nun für ihn relevant ist oder nicht. Ein anderer Bereich, der viel Zeit kostet, sind die überlaufenden E-Mail-Postfächer. Wer nicht genau weiß, an wen er was berichten soll, berichtet entweder gar nicht – oder eben alles an alle. So manche Führungskraft bekommt auf diese Weise viele redundante Informationen, bei denen es schwerfällt, die wirklich interessanten Meldungen herauszupicken. Und es passiert leicht, dass etwas wirklich Eiliges in der Masse untergeht.

Auch denkt in der Eile des E-Mail-Schreibens manch einer kaum mehr darüber nach, ob er die richtigen Worte gewählt hat, was diese beim Empfänger auslösen können. Unklarheiten und Konflikte, die aus eben dieser wenig durchdachten Kommunikation resultieren, sind fast schon vorprogrammiert. Die Folge: Im Nachhinein ist es oft sehr zeitaufwendig und schwierig, entstandene Missverständnisse wieder zu klären, Risse in der zwischenmenschlichen Beziehung zu kitten und das Arbeitsklima wieder ins Lot zu bringen.

Überhaupt sind die Unmengen an Informationen, die täglich auf uns einwirken, ein immer größer werdendes Problem. So stellte der Gründer der schweizerischen Beratungs- und Softwareentwicklungsfirma IM Strategies AG, Dr. Christian Schucan, einmal fest: »Die Informationsflut kann zu einer Serie von sich negativ verstärkenden Wirkungen führen. Eine solche Wirkungskette führt zu einer Überforderung der Entscheidungsträger und im

Endresultat zu ineffizienten Arbeitsleistungen und Fehlentscheidungen.« Das leuchtet ein. Und so sollte gerade bei der unternehmensinternen Kommunikation bedacht werden, dass weniger manchmal mehr ist: Ein Bericht muss nicht unbedingt jedes Detail enthalten – Hauptsache ist, dass die relevante Information ersichtlich wird.

Doch unser technisiertes Zeitalter treibt noch ganz andere, geradezu alberne Blüten: Das Gespräch von Angesicht zu Angesicht rückt im Arbeitsalltag immer mehr in den Hintergrund. Möchte man seinem Kollegen im Nachbarzimmer etwas mitteilen, so geht man nicht etwa zwei Schritte und klopft an – nein, man ruft ihn an oder schreibt ihm gar eine E-Mail. Wie oft, fragt man sich, kann es durch diese unpersönliche Art der Kommunikation zu Missverständnissen kommen? Daraus kann man ersehen, dass eine wichtige Kompetenz in der heutigen Zeit darin zu bestehen scheint, den richtigen Kommunikationsweg für das eigene Anliegen zu wählen. Wenig sinnvoll ist es, einen Text, den der Empfänger weiterschreiben soll, als Fax zu schicken, da der Bearbeiter die Zeilen dann erst einmal mühsam abtippen muss. Genauso wenig sinnvoll dürfte es sein, wichtige Entscheidungen ausschließlich am Telefon zu treffen, ohne sie noch einmal zusätzlich schriftlich zu fixieren.

Auch wenn es um ganz persönliche Dinge geht, ist ein Gespräch von Angesicht zu Angesicht immer vorzuziehen: Des Öfteren soll es ja heute sogar vorkommen, dass eine Kündigung per SMS erfolgt – ob diese dann vor einem Arbeitsgericht Bestand hat, steht auf einem anderen Blatt. Auf der anderen Seite ist das Telefon für kurze Terminabsprachen natürlich ideal. Andererseits bedeutet

Anrufen in vielen Fällen eine Störung des anderen und ist immer die Optimierung der eigenen Arbeit zu Lasten anderer. Es gilt also, genau abzuwägen, über welchen Kanal eine Angelegenheit angemessen und möglichst effizient kommuniziert werden kann.

Um den Zeitmangel der Menschen wusste bereits Friedrich – zu einer Zeit, die längst nicht so schnelllebig wie die heutige war. So äußerte er sich zu den preußischen Geschichtsschreibern negativ, weil ihr Stil zu ausschweifend und langweilig sei. »Die ungeduldige Jugend und Leute von Geschmack, die mit ihrer Zeit haushalten, machen sich nur mit Widerstreben an diese ungeheuren Wälzer. Leser, die sich gern mit einem Hefte abfinden, entsetzen sich vor einem Folianten. Aus diesen Gründen wurden die genannten Schriftsteller nur wenig gelesen, blieb die Geschichte Brandenburgs und Preußens so gut wie unbekannt.« Diese Einstellung kann man durchaus nachvollziehen: Wie oft hört man vor allem rational eingestellte Menschen über die Umständlichkeit von Geisteswissenschaftlern lästern. Oft würde viel geschrieben, ohne auch nur einen greifbaren Gedanken zu äußern. Es würde diskutiert und erörtert, ohne zu einem Schluss zu gelangen. Der amerikanische Schriftsteller John Steinbeck traf den Nagel auf den Kopf, als er sagte: »Wenn einem Autor der Atem ausgeht, werden seine Sätze nicht kürzer, sondern länger.« Ein umständlicher Schreibstil ist natürlich bei Weitem nicht allen Geisteswissenschaftlern eigen – und er beschränkt sich leider auch nicht auf diese Gruppe. Juristische und wirtschaftswissenschaftliche Texte strotzen nicht selten vor eigenwilligen Formulierungen, Bandwurmsätzen, Fachkauderwelsch und absolut nichtssagenden Passagen. Ein Uneingeweihter hat hier kaum eine Chance; auch Gesetzestexte sind für einen Normalsterblichen meist ein Buch mit sieben Siegeln. Und wer alljährlich mit seiner Steuererklärung kämpft, der kann über die »hilfreichen« Erläuterungen, die im selben Stil verfasst sind wie die Texte, die sie erläutern, eigentlich nur noch den Kopf schütteln.

Friedrich kommentierte einmal ein Todesurteil, das er unterzeichnen sollte, mit diesen Worten: »Ich remittire Euch beikommende Ordre unvollzogen. Ihr hättet von selbst leicht einsehen können, wie es sich ganz nicht schicke, Mir Rubriquen, so mit so viel juristischen Latein bespickt sind, vorzulegen, da solche zwar denen Juristen-Facultäten, Schöppenstühlen und Kriminalgerichten bekannt genug seine mögen, vor Mir aber lauter Arabisch sind. Ihr hättet solches auch in dieser Pièce soviel mehr verhüten sollen, da es auf Menschenleben ankommt. Ihr sollet also mit dergleichen lateinischen Rubriquen sparsamer sein und, wenn Ihr etwas berichtet oder zur Unterschrift schicket, hübsch Teutsch schreiben.« Der Todeskandidat ist also aufgrund der sprachlichen Unzulänglichkeiten der Juristen zu einem unerhofften Aufschub gekommen.

Aber auch das Gegenteil von weitschweifigen Erläuterungen kann einen Text oder eine Präsentation unverständlich machen: Wird zu kurz argumentiert, werden wichtige Voraussetzungen und Zusammenhänge weggelassen, fehlen Überleitungen zum nächsten Schritt oder einer sich anschließenden Argumentationskette oder wird das zu Erörternde nicht in den Kontext gestellt, in den es gehört, macht man es dem Leser oder Zuhörer schwer, der Linie des Dargestellten zu folgen.

Effizienz in der Kommunikation bei wichtigen, aber auch weniger wichtigen Dingen wird meist nur dadurch erreicht, dass man sich vorher einige Gedanken macht: Was soll vermittelt werden, was ist das Ziel, das erreicht werden soll? Welche Botschaft soll ankommen, welche Inhalte, welche Werte sollen kommuniziert werden? Wer ist eigentlich der Gesprächspartner? Welche Eigenarten und Bedürfnisse hat er, welches Vorwissen? Welchen Ton, welche Sprache, welche Bilder versteht er? Welche Sinne (Hören, Sehen) sollten angesprochen werden, um ihn zu erreichen? Wenn solche Überlegungen vor einem wichtigen Kommunikationsprozess angestellt werden, steht einer geglückten Vermittlung kaum mehr etwas im Wege. Denn je genauer der Gesprächspartner eingeschätzt werden kann, desto bedürfnisgerechter und individueller kann er angesprochen werden. Durch diese individuelle Ansprache fühlt er sich wertgeschätzt und ist offener für die Kommunikation. Wenn es die Sache erlaubt, sind klare und kurze Botschaften natürlich besser verständlich als lange und umständliche – und: Wer die Botschaft verstanden hat und auch warum er etwas tun soll, wird es in der Regel auch tun.

Die Folgen schlechter Kommunikation können verheerend sein: Wenn der Mitarbeiter nach einem Gespräch nicht weiß, was er tun soll – und vielleicht genau das Falsche tut, das dann erst wieder mühsam korrigiert werden muss –, ist das eine Verschwendung von Zeit und Arbeitskraft. Wenn Mitarbeiter nicht verstehen, warum sie bestimmte Aufgaben erfüllen sollen, und aufgrund dieses mangelnden Verständnisses ihre Tätigkeit als sinnlos empfinden, kann es passieren, dass sie sich kaum für die Sache engagieren und eher unproduktiv arbeiten. Wenn Mitarbeiter von wichtigen Informationsflüssen ausgeschlossen werden, sind ineffektives Arbeiten und Frustration, wenn die Arbeit in die falsche Richtung ging und deswegen erneut erledigt werden muss, fast zwangsläufig die Folge. Die Konsequenzen missglückter Kommunikation gegenüber Mitarbeitern, so sie denn rechtzeitig erkannt werden, können vielleicht sehr schnell wieder ausgebügelt werden. Wird aber gegenüber Geschäftspartnern schlecht kommuniziert, kann das weit drastischere Folgen haben – die Geschäftsbeziehung kann sich verschlechtern und vielleicht aufgrund von Missverständnissen ganz abbrechen. Auch eine missglückte Kommunikation gegenüber Kunden ist geradezu geschäftsschädigend: Wenn Kunden das Gefühl haben, nicht verstanden oder gar nicht ernst genommen zu werden, ist das das Ende der Kundenbeziehung – meist gibt es ja noch genügend andere Anbieter auf dem Markt.

Gerade in der Telekommunikationsbranche konnte das in den letzten Jahren verstärkt beobachtet werden. Da immer mehr Telefon- und Internetdienstleister auftraten, hatten es die Kunden leicht, bei der geringsten Unzufriedenheit – preislich oder vor allem auch was den Service betrifft – umgehend den Anbieter zu wechseln. Dies bekam natürlich vor allem die Telekom zu spüren, die nach und nach ihr Monopol aufgeben musste und es sich einfach nicht mehr leisten konnte, schlechten Service zu hohem Preis zu bieten. Allein im ersten Halbjahr 2007 verlor der einstige Monopolist mehr als eine Million Festnetzkunden. Der Imageschaden ist zudem immens, denn schlechter Service spricht sich einfach schnell herum.

Auf der anderen Seite wirkt gute Kommunikation geradezu Wunder: Wenn jeder weiß, was er zu tun hat, die Hintergründe seiner Aufgaben und die Ziele des Unternehmens kennt, über alle Informationen verfügt, die er für seine Tätigkeit benötigt – dann können Mitarbeiter effektiv arbeiten, die neuesten Ziele und Methoden der Firma in ihre Arbeit mit einbeziehen und neue Techniken schneller anwenden. Auch Probleme können durch eine offene Kommunikation schneller gelöst werden und brodeln nicht erst lange im Mitarbeiter. Durch eine gute interne Kommunikation bleibt das Unternehmen darüber hinaus flexibel und kann schneller auf die Wünsche seiner Kunden reagieren. Eine gute Kommunikation ist im Übrigen die beste und wichtigste Basis für ein gutes Betriebsklima – die Mitarbeiter setzen sich engagiert für ihre Projekte ein, die Personalfluktuation und damit das Abwandern von Know-how halten sich in einem engen Rahmen, und das wird auch nach außen getragen: Das Unternehmen hat einfach einen guten Ruf.

Die Krux an guter Kommunikation: Sie erfordert täglichen Einsatz. Kommunikation darf nicht einfach passieren, sondern muss bewusst gestaltet werden. Aber der Vorteil ist: Jeder im Unternehmen kann sich aktiv daran beteiligen und sie verbessern. Zum Beispiel kann es hilfreich sein, sich auch einmal mit Kolleginnen und Kollegen auszutauschen, mit denen man im täglichen Arbeitsprozess eher weniger zu tun hat. Zu einer offenen Kommunikation gehört es auch, dass man seinen Mitarbeitern gegenüber formuliert, was in der Zusammenarbeit gut – Stichwort: Lob und Anerkennung – oder weniger gut läuft. Natürlich darf man es nicht bei der Kritik, so sie denn nötig ist, bewenden lassen, sondern man sollte aktiv mit dem Mitarbeiter zusammen Lösungsmöglichkeiten finden, die die Situation verbessern können.

Und auch wenn es die Chefs manchmal nicht so gern sehen: Der Plausch beim Kaffee, auf dem Gang oder im Aufzug hat eine wichtige Funktion. Gekonnter Small Talk, informelle Kommunikation ist für die Beziehungspflege der Kolleginnen und Kollegen untereinander von größter Wichtigkeit. Viele (Geschäfts-)Beziehungen und zahlreiche Gespräche beginnen erst einmal mit Small Talk – denn wer mag es schon, wenn die Kollegin, die man bisher nur zweimal auf dem Gang getroffen hat, einen ohne Umschweife bittet, eine umfangreiche Aufgabe zu übernehmen? Die Aufwärmphase durch Small Talk schafft Vertrauen und eine gemeinsame Basis, die es erlaubt, später über berufliche Belange zu sprechen. Durch Small Talk zu Beginn eines Gesprächs erhöht sich die Bereitschaft des Gegenübers, zuzuhören, wenn es dann um Berufliches geht. Wer damit sanft in ein Gespräch einsteigt, erhöht die Chancen, später seine Ziele zu erreichen – zum Beispiel Informationen aus seinem Kollegen herauszulocken oder ihn dazu zu bringen, noch einmal kurz etwas zu recherchieren. Deshalb sprechen Kommunikationsberater heute auch eher von Smart Talk als von Small Talk. Damit wird aber die Basis für weitere Kontakte oder ein weiter führendes Gespräch gelegt: Auf den Plausch über die neue Kaffeemaschine folgt dann ein Austausch über das letzte Projekt, das vielleicht an der einen oder anderen Ecke gehakt hat – und schon weiß die Kollegin aus ihrer eigenen Erfahrung, wie das beim nächsten Mal verhindert werden kann, weil sie bereits in einer ganz ähnlichen Situation war. Oder nach einem unverfänglichen Geplauder über den neuen Seminarraum stellt sich heraus, dass der Kollege aus der anderen Abteilung gerade an einer ganz ähnlichen Thematik arbeitet wie man selbst und man sich doch einmal ausführlicher austauschen und vernetzen könnte. Und es ist ja schließlich einfach auch ein Gebot der Höflichkeit und ein Zeichen für soziale Kompetenz, nicht gleich mit der Tür ins Haus zu fallen.

Was fehlt, ist die Kenntnis der für ein Unternehmen notwendigen Kommunikationsprozesse und der daraus resultierenden Verhaltensweisen. Ein Unternehmen sollte ein Kommunikationsmodell erstellen, das die Kommunikationsbedürfnisse festlegt und dabei die Anforderungen an die Technik, die Organisation und das Verhalten der Mitarbeiter umreißt. Das Resultat ist eine Kommunikationscharta, ein verbindlicher Verhaltenskodex, mit dem Mitarbeiter zu einem festgelegten Kommunikationsverhalten verpflichtet werden. Die Technik ist also nicht das Hindernis für eine erfolgreiche, d. h. störungsreduzierte Kommunikation, sondern der Mensch. Grund für sein Verhalten ist unkontrolliertes Handeln, sein Mitteilungsbedürfnis, sein Profilierungsbedürfnis und, last but not least, das Bedürfnis, Entscheidungen stets nach oben abzusichern.

Mit hoher Wahrscheinlichkeit war Friedrich kein Freund des Small Talks. Ihm war vor allem Klarheit ein großes Anliegen – auch und gerade im Justizwesen:

»Wenn die Gesetze gut sein sollen, so müssen sie klar ausgedrückt sein, damit keine Rechtsverdrehung sie nach Belieben deuten kann, um den Sinn zu umgehen und regellos, nach Gutdünken über das Geschick der Bürger zu entscheiden.« Man sollte auf einen Blick erkennen, was erlaubt und was verboten ist. Und es sollte niemandem aufgrund spitzfindiger Rechtsauslegungen ein Strick gedreht werden. Ein solches Anliegen täte den Gesetzgebern von heute auch gut. Immerhin gibt es zu jeder Seite Gesetzestext ein Vielfaches an Seiten, wie dieser Text auszulegen sei, und die Rechtsprechung führt dann noch zu weiteren Interpretationen.

Friedrich hielt regelmäßig Audienzen ab, in denen die Bürger ihm ihre Anliegen persönlich vortragen konnten. Ansonsten waren die Kabinettsräte die Verbindung zwischen ihm und dem Volk. Dienstanweisungen und Befehle wurden in der Regel auf dem Weg der »Kabinettsordre« weitergeleitet.

Ähnlich wie Friedrich hat auch der Kopf eines weltweit operierenden Konzerns heutzutage nicht immer die Möglichkeit, mit allen seinen Mitarbeitern von Angesicht zu Angesicht zu kommunizieren. Es sollte ihm jedoch – ebenso wie dem König – ein Anliegen sein, allen Mitarbeitern, die sich an ihn wenden möchten, die Möglichkeit dazu zu geben. Nicht unwichtig ist es dabei natürlich auch, dass beide Seiten dieselbe Sprache sprechen. Wie bereits an anderer Stelle betont, ist das persönliche Gespräch zwischen Chef und Mitarbeiter wichtig und durchaus als Basis für eine produktive Zusammenarbeit und ein gutes Betriebsklima zu sehen. Je besser ein Chef seinen Mitarbeiter und umgekehrt der Mitarbeiter seinen Chef kennt und je besser sie sich gegenseitig einschätzen können, desto schneller verstehen sie einander und desto schneller können auch Pläne umgesetzt werden. Zudem sinkt die Wahrscheinlichkeit von Missverständnissen. Ist der Chef der Belegschaft vertraut, dann wird wohl kaum noch jemand über »den da oben« lästern.

Zu einer guten Kommunikation im Unternehmen gehört natürlich auch eine fitte Presseabteilung, die nicht nur für die Kommunikation nach außen verantwortlich ist, sondern sich auch um die Kommunikation innerhalb des Unternehmens kümmert – zum Beispiel in Form einer Mitarbeiterzeitung. Auf die Inhalte einer solchen internen Mitarbeiterzeitung sollte der Chef natürlich – auch im Sinne der Pressefreiheit – generell keinen Einfluss nehmen. Die Pressefreiheit war für Friedrich ein hohes Gut. Preußen war die erste Monarchie, in der die Pressefreiheit eingeführt wurde. »Gazetten, wenn sie interessant sein sollen, dürfen nicht genieret werden.« So äußerte sich Friedrich in einem Brief an Voltaire. Doch schon wenige Monate später machte er den Verleger der »Berlinischen Privilegirten Zeitung« darauf aufmerksam, dass er die ihm »erlaubete Freyheit«, die sich ohnehin nur auf den Lokalteil der Zeitungen bezog, nur mit »mehrer Überlegung und Behutsamkeit« gebrauchen solle. Politische Meinungsäußerungen waren unerwünscht. Auch wenn der Preußenkönig immer wieder Kritik – auch an seiner Person – zugelassen oder sich gar darüber amüsiert hat, war es mit dem zarten Pflänzchen der Pressefreiheit in Preußen schon wieder vorbei, als Friedrich der Große im Dezember 1740 in Schlesien einfiel – eine verbürgte, garantierte Pressefreiheit gab es fortan nicht mehr.

Im Gegensatz zum preußischen Staat darf in unserem Land heutzutage jeder schreiben und sagen, was er will. Wahr oder unwahr – alles darf publiziert werden, sei es in Zeitungen, Büchern, im Radio, Fernsehen oder Internet. Informationen und Meinungen dürfen frei geäußert werden – dieses Recht ist in Artikel 5 Absatz 1 unseres Grundgesetzes verankert. Dort ist zu lesen: »Jeder hat das Recht, seine Meinung in Wort, Schrift und Bild frei zu äußern und zu verbreiten und sich aus allgemein zugänglichen Quellen ungehindert zu unterrichten. Die Pressefreiheit und die Freiheit der Berichterstattung durch Rundfunk und Film werden gewährleistet. Eine Zensur findet nicht statt.« Und von diesem Recht wird auch ausgiebig Gebrauch gemacht.

17
Kunst und Kultur
Friedrichs Horizont

Längst ist das Fördern von Kunst und Kultur nicht mehr allein Angelegenheit des Staates, sondern zu einem zentralen Anliegen modernen Unternehmertums geworden. Kultursponsoring steigert das gesellschaftliche Ansehen, Kunstförderung vernetzt das Unternehmen wirksam mit der Öffentlichkeit. Firmen sind die neuen Gönner, Mäzene, Auftraggeber. Sie verpflichten berühmte Architekten, um einen spektakulären Firmensitz zu gestalten, engagieren Künstler wie Christo, um ein neues Gebäude zu eröffnen, und erwerben wertvolle Kunstgegenstände, um ihre Räumlichkeiten repräsentativ auszustatten. Nicht selten kommt man sich heute in Unternehmen vor wie in einer Galerie oder einem Museum. Die Gemälde an der Wand und die Skulpturen im Gang gehören aber nicht unbedingt immer zur festen Einrichtung des Unternehmens; vielmehr sind es Ausstellungen von künstlerischen Werken, die zum Verkauf stehen. Doch ist das Galerieerlebnis nicht immer nur auf die repräsentativen Bereiche einer Firma beschränkt und dient nicht immer allein den Public Relations. Viele Unternehmen nutzen die Kunst als Ausdruck einer individuellen Firmenkultur und -philosophie und schaffen sich damit eine eigene Corporate Identity, die nicht nur nach außen wirkt, sondern auch intern eine wichtige Funktion erfüllt. Die Mitarbeiter von ratiopharm beispielsweise können sich noch in den Produktionsstätten selbst an den Werken moderner Künstler erfreuen. Zudem sieht das Unternehmen in den Kunstwerken nicht nur eine zierende, sondern auch eine praktische Funktion: Die Gemälde sollen – in Konferenzräumen angebracht – die Mitarbeiter inspirieren und sie zu einem Blick über den Tellerrand animieren. Sprich: Die Mitarbeiter sollen sich auch mit der Welt außerhalb des Gesundheitswesens intensiv auseinandersetzen und sich von dort neue Ideen holen.

»Wer den Umkreis seiner Anschauungen und Begriffe nur auf seine vier Wände einschränkt, wer seine Kenntnisse nicht erweitern mag über den Bereich seiner häuslichen Pflichten, der verkümmert und verblödet in gröbster Unwissenheit.« Diese trefflich formulierte Weisheit findet sich zu Beginn von Friedrichs »Denkwürdigkeiten zur Geschichte des Hauses Brandenburg«, die er in den Jahren 1747/1748 verfasste. Wer aber die ganze Welt mit seinem Geiste umspanne, führt Friedrich weiter aus, der trage Eroberungen über die Unwissenheit und den Irrtum davon. »Das heißt in allen Zeitaltern gelebt haben, ein Bürger aller Orte und Länder werden!« Klingt das nicht nach einer aktiv gestalteten Globalisierung?

Die Kenntnis von Kunst und Kultur fördert aber nicht nur das globale Denken, ist nicht nur Balsam auf den Seelen betriebsblinder Führungskräfte und Mitarbeiter, sondern auch ein steter Quell innovativer Ideen. Auch scheinbar zielloses Philosophieren schadet nicht und kann durchaus die Entdeckung von Wahrheiten zeitigen, die das Umsetzen dieser Ideen gegen die Widerstände des Alteingesessenen und Konventionellen erleichtern. Der Preußenkönig hatte Geschmack am Philosophieren und befand sich stets auf der Suche nach der Wahrheit. Im Jahr 1775 äußerte der Philosoph Friedrich zum Thema Fortschritt: »Die Fortschritte in der Philosophie, der Volkswirtschaft, der Kriegskunst, im Geschmack und den Sitten fesseln unstreitig mehr als Betrachtungen über Schwachköpfe im Purpurgewande, über Gaukler in der Bischofsmütze und jene Unterkönige, die man Minister nennt, von denen nur sehr wenige einen Platz im Andenken der Nachwelt verdienen. Wer aufmerksam in der Geschichte liest, wird finden, dass dieselben Szenen oft wiederkehren; man braucht nur die Namen der handelnden Personen zu ändern. Hingegen die Entdeckung neuer Wahrheiten zu verfolgen, den Ursachen der Veränderungen in den Sitten nachzuspüren und die Anlässe zur Vertreibung der finsteren Barbarei zu erforschen, die sich der Aufklärung der Geister widersetzte: Das sind sicherlich Gegenstände, die der Beschäftigung aller denkenden Geister würdig sind.« Fortschrittlich und innovativ kann nur sein, wer den alten Wein auch in den neuen Schläuchen sofort erkennt und ihm Eigenes entgegenzusetzen vermag.

Als Vorläufer des globalen Denkens schaute Friedrich gerne über den Tellerrand, speziell gen Westen: nach Frankreich. Er scheute sich nicht, den im Ausland erreichten Fortschritt dort zu übernehmen, wo er im eigenen Haus Bedarf sah. Seiner Schwester Wilhelmine schrieb er über die deutsche Kunst: »Wir kommen eben erst aus der Barbarei heraus und die Künste liegen noch in den Windeln, aber die Franzosen haben schon ein

Stück Wegs zurückgelegt und sind uns vor allem in jeder Art mit Erfolg um ein Jahrhundert voraus.« Gleich nach seinem Regierungsantritt holte er den berühmtesten aller französischen Aufklärer, Voltaire, nach Potsdam, um der intellektuellen deutschen »Barbarei« ein Ende zu machen. Friedrich rekrutierte Maler und Bildhauer aus Paris und beschäftigte überhaupt viele Ausländer als Dekorateure, als Sänger, als Tänzer – immer in der Hoffnung auf deren positiven Einfluss. Dabei war er radikal erfolgsorientiert: »Wenn sie bei uns keine Schule machen, wird es sein wie in Frankreich zur Zeit Franz' I. Der ließ Künstler aus Italien kommen, aber sie zeitigten keine Früchte.«

Was Friedrich allerdings sträflich versäumte, war der gelegentliche Blick auf den eigenen Teller. Er merkte gar nicht, welche Köstlichkeiten dort auf den Verzehr warteten. Während er Lobeshymnen auf die französische Poesie sang, nahm er deutsche Dichter gar nicht erst wahr. Namen wie Klopstock, Lessing, Herder, Wieland und Goethe sagten ihm – wenn überhaupt – nur am Rande etwas. Im Jahr 1780 verfasste er eine Schrift über die deutsche Literatur mit dem Untertitel: »Die Mängel, die man ihr vorwerfen kann, ihre Ursachen und die Mittel zu ihrer Verbesserung«. Ein nicht unlöbliches Vorhaben. Leider bezieht Friedrich sich in dieser Schrift aber nur auf belanglose literarische Werke aus seiner Jugendzeit, die neuere Literatur wird mit keiner Silbe erwähnt. Am Ende des Traktats gibt sich Friedrich prophetisch – und merkt dabei nicht, dass ein Teil des »gelobten Lands«, von dem er spricht, bereits vor seinen Augen liegt: »Wir werden unsere klassischen Schriftsteller haben; jeder wird sie lesen, um sich an ihnen zu erfreuen. Unsere Nachbarn werden die deutsche Sprache lernen, an den Höfen wird man sie mit Vergnügen sprechen; und es kann geschehen, dass unsere Sprache, ausgebildet und vollendet, sich zugunsten unserer guten Schriftsteller von einem Ende Europas bis zum andern ausbreitet. Diese schönen Tage unserer Literatur sind noch nicht gekommen, aber sie nahen heran. Ich sage es euch, sie werden erscheinen; ich werde sie nicht sehen, mein Alter gestattet mir dazu keine Hoffnung. Ich bin wie Moses, ich sehe von fern das gelobte Land, aber ich werde es nicht betreten.«

Friedrich selbst sprach und schrieb allerdings nur ein schlechtes Deutsch. Französisch war die Sprache der Wahl – so wie es in der heutigen Unternehmenswelt das Englische ist. Oder sollte man besser von »Dösisch« und »Denglisch« sprechen? Tatsächlich hat es das Deutsche – entgegen der Prophezeiung des großen Friedrich – nicht zur internationalen Verkehrssprache gebracht. Für viele mag das ein Grund zum Aufatmen sein, gilt doch das Englische gemeinhin als die einfachere Sprache. Die Wirtschaftselite in den USA prophezeit allerdings mittlerweile den Vormarsch einer weitaus komplizierter zu erlernenden Sprache – des Chinesischen – und heuert für den eigenen zukunftsfähigen Nachwuchs Kindermädchen an, die den Kleinen schon im Windelalter Mandarin beibringen. Es kann also auch hierzulande nicht schaden, neben den gängigen europäischen Sprachen auch exotischere Zungen in den Kanon der Fremdsprachenkenntnisse mit aufzunehmen und den Horizont in Richtung Asien zu erweitern.

Bei aller militärischen Disziplin hatte Friedrich nichts dagegen, wenn seine Offiziere ihren Horizont erweiterten und sich außerhalb der Armee engagierten. Allerdings hatte seine Toleranz Grenzen: Der Armeedienst durfte unter diesem Engagement nicht leiden. Als Friedrich einem Hauptmann gestattete, eine von ihm verfasste Schrift über die Beschaffenheit des Meeres bei der Londoner Akademie der Wissenschaften einzureichen, warnte er ihn sogleich: »Ich werde aber im Frühjahr Eure Kompanie revidieren, und wenn ich Euch dann mit den Gedanken auf dem Meere und nicht auf dem Lande, wo Ihr zu Hause seid, treffe, so werdet Ihr es mit mir und nicht mit der Londoner Akademie zu tun haben.«

Toleranz war Friedrich wichtig. Er hielt viel von Religions- und Meinungsfreiheit, auch wenn er die Letztere in erster Linie für sich selbst in Anspruch nahm. So schrieb er an den französischen Mathematiker und Philosophen Jean le Rond d'Alembert, der ihm Intoleranz vorgeworfen hatte, weil er d'Holbachs »System der Natur« ablehnte: »Man kann verschiedener Meinung sein, ohne sich zu hassen und besonders ohne sich zu verfolgen. Ich habe den Verfasser des ›Systems der Natur‹ widerlegt, weil seine Gründe mich nicht überzeugt haben. Trotzdem: wenn man ihn verbrennen wollte, würde ich Wasser herbeitragen, um seinen Scheiterhaufen zu löschen. Das ist die richtige Denkweise für den, der sich mit Philosophie befassen will, oder er soll auf den Philosophentitel verzichten.« Für einen absolutistischen Herrscher klingt das geradezu radikal tolerant. Ohne Meinungsfreiheit keine Streitkultur. Ohne Streitkultur kein Fortschritt.

Als moderne Führungskraft würde Friedrich dem individuellen Philosophieren am Arbeitsplatz sicher Grenzen setzen, aber er würde jegliche Art künstlerischen und musischen Engagements seiner Mitarbeiter zu tolerieren wissen. Friedrich spielte meisterhaft Querflöte und verstand sich auch auf die Sprache der Musik – er komponierte selbst Arien, Ouvertüren und Flötensonaten. Ein 1852 entstandenes Ölgemälde des preußischen Malers Adolph Menzel, der zu seiner Zeit besonders für seine Darstellungen aus dem Leben des Königs geschätzt wurde, zeigt den Flöte spielenden Friedrich bei einem Konzert in seinem Potsdamer Schloss Sanssouci. Die Illustration zur »Geschichte Friedrichs des Großen« dürfte jedem Flötisten vertraut sein. Carl Philipp Emanuel Bach, der als Musiker am Hof Friedrichs tätig war, arrangierte im Jahre 1747 schließlich auch ein Treffen des Königs mit seinem Vater, dem damals bereits 62-jährigen Johann Sebastian Bach. Im Zuge dieses Besuchs bat Friedrich den großen Komponisten, ein von ihm vorgegebenes Thema in einer Fuge auszuführen. Das Resultat war das »Musikalische Opfer« – eine Sammlung aus zwei Fugen, zehn Kanons und einer Trisonate. Diese Begegnung lieferte auch den Stoff für den preisgekrönten Historienfilm »Mein Name ist Bach« der Regisseurin Domenique de Rivaz, der den alternden Komponisten und den noch jungen Fürsten in eine Art Vater-Sohn-Beziehung stellt.

Als fortschrittlicher und vielseitig interessierter Staatsmann wandte sich Friedrich immer wieder dem Studium der Geschichte zu. Denn neben vielen anderen Dingen gehörten historische Kenntnisse für ihn zum essenziellen

Wissen eines Fürsten: »Die Geschichte gilt als die Schule der Fürsten. Sie gibt ihnen ein bleibendes Bild der Regierung der Herrscher, die Väter des Vaterlandes waren, sowie der Tyrannen, die es verheerten. Sie zeigt ihnen die Ursachen für der Reiche Wachstum wie für ihren Niedergang. Sie bringt dabei eine solche Fülle an Charaktergestalten ans Licht, dass Ähnlichkeiten mit Fürsten unserer Tage sich ohne weiteres aufdrängen; und wenn sie über die Toten ihr Urteil spricht, richtet sie stillschweigend über die Lebenden mit. Ihre Vorwürfe über die Laster derer, die nicht mehr sind, geben den Lebenden eine Lehre der Tugend, als wollte sie ihnen enthüllen, welches Urteil die Nachwelt dereinst über sie fällen wird.« So schreibt Friedrich in seinen »Denkwürdigkeiten zur Geschichte des Hauses Brandenburg« und betont dabei, wie viel ein Fürst – und auch seine Untertanen – aus den Ereignissen der Vergangenheit lernen können und wie groß ihr Bezug zur Gegenwart ist.

Dass die Historie eines Landes ein unerschöpflicher Quell interessanter Erkenntnisse sein kann, ist auch vielen modernen Führungskräften sehr wohl bewusst. Zudem ist das Interesse der Öffentlichkeit an der Geschichte der Menschheit heute größer denn je. Und so finanziert heutzutage so manches Unternehmen historische oder auch archäologische Forschungen und Projekte. Die modernen Ausgrabungen in Troja wären ohne die Unterstützung von Mercedes-Benz in diesem Umfang gar nicht möglich gewesen. Der Konzern stellte für die Arbeiten in der Ruinenstadt sogar einen speziell ausgerüsteten Unimog zur Verfügung, der den Forschern jahrelang zuverlässige Dienste leistete. Nicht zuletzt dank der Unterstützung des Unternehmens konnten wichtige Erkenntnisse zum Leben in der antiken Stadt in Kleinasien gewonnen und interessante Fundstücke geborgen werden. Nach Abschluss der Grabungsarbeiten soll das Fundmaterial in einem Museum vor den Toren der 1998 zum UNESCO-Kulturerbe ernannten Stadt der interessierten Öffentlichkeit präsentiert werden.

Die archäologische Forschung hat in den letzten Jahren auch erstaunliche Erkenntnisse zur Geschichte der Kunst geliefert. Bei Grabungen auf der Schwäbischen Alb traten zahlreiche Kunstobjekte zutage: Die filigran gearbeiteten Elfenbeinfigürchen – Pferde, Mammuts, Löwen, Vögel – verblüffen durch ihre naturgetreue Darstellung und setzen sowohl Wissenschaftler als auch Laien in Erstaunen. Schmuckgegenstände aus Knochen, Gagat, Elfenbein und Geweih sowie wohlgeformte, vermutlich Repräsentationszwecken dienende Speerspitzen aus Knochen, Hornstein und Radiolarit zeugen von einem hoch entwickelten ästhetischen Empfinden der altsteinzeitlichen Bewohner dieser Region. Die Fundplätze Hohle Fels und Vogelherd, zwei im Ach- bzw. Lonetal gelegene Höhlen, waren schon seit Längerem für ihre Schätze bekannt. Ohne das Engagement größerer Unternehmen – allen voran die in unmittelbarer Nähe der Fundstellen ansässigen Firmen HeidelbergCement und ratiopharm – wären jedoch weder die Grabungsarbeiten im Hohle Fels noch die Untersuchung des Abraums einer früheren Grabung am Vogelherd möglich gewesen. Eines der interessantesten Resultate dieser Grabungen ist die genauere Datierung der Kunstgegenstände, die belegt, dass die eiszeitlichen Menschen bereits vor 35 000 Jahren über große

Kunstfertigkeit verfügten. Daneben erlaubt die Auswertung des Fundmaterials wichtige Erkenntnisse zur Überlebensstrategie unserer Vorfahren und zur Entwicklung des Klimas im Laufe der Zeit – ein Thema, das in Zeiten globaler Klimaerwärmung sehr aktuell ist und viele Gemüter bewegt.

Natürlich ist es wichtig, dass auch Außenstehende an den Forschungsergebnissen teilhaben und die Fundobjekte bestaunen können. Und welcher Ort wäre hierfür besser geeignet als ein Museum? Museen vermitteln Wissen, Museen bieten den Menschen die Möglichkeit, ihren Horizont zu erweitern – und natürlich bereitet der Museumsbesuch auch Freude, lässt die Menschen staunen, gibt Einblicke in völlig neue Welten. Doch gerade kulturelle Einrichtungen wie Museen haben es oft schwer, an ausreichende finanzielle Mittel zu gelangen, um immer wieder neue Ausstellungsobjekte zu beschaffen und wechselnde Ausstellungen zu organisieren und zu unterhalten. Allein über die Eintrittspreise wäre die Finanzierung kaum zu bestreiten – schließlich sollen sich ja nicht nur gut Betuchte an den präsentierten Schätzen erfreuen können.

Das Hamburger Abendblatt traf mit der Schlagzeile »Ohne Mäzene wären die Museen arm dran« den Nagel auf den Kopf und stellte anlässlich des 50. Jubiläums der Stiftung für die Hamburger Kunstsammlungen im Jahr 2006 drei Unternehmer vor, die sich auf dem Gebiet der Kunstförderung besonders engagieren. Einer davon ist Michael Otto, der Kopf des Otto Versands. Der kunstinteressierte Versandhauschef unterstützt den gemeinnützigen Verband bereits seit Anfang der 1970er-Jahre. Besonders freut es ihn, wenn auch die weniger Kunstinteressierten unter seinen Mitarbeitern Ausstellungen besuchen und sich mit moderner Kunst auseinandersetzen.

Lebt der Topmanager, um zu arbeiten, oder arbeitet er, um zu leben? Sind seine Ziele und damit seine persönlichen Erfolge nur auf den Beruf begrenzt oder betreffen sie auch andere Interessen? Welche Auswirkungen haben diese wieder auf seinen Beruf? Muss er ausschließlich unternehmerisch denken oder sollte er auch über Kenntnisse und Interessen verfügen, die sozialer oder kultureller Natur sind? Ist es wichtig, dass er sich um gesellschaftliche Belange kümmert? Das sind Fragen, die sich die betroffenen Topmanager selbst stellen müssen. Es gibt keine überzeugenden Gründe dafür, dass man in dieser Position eine umfassende Bildung haben muss. Die Entscheidung darüber ist nicht diskutierbar, sondern entspricht einem persönlichen Bedürfnis. Friedrich II. hat seine privaten Interessen von Jugend an als wichtig angesehen und ihnen immer ausreichenden Raum gegeben. Sie haben zweifellos sein Verhalten positiv beeinflusst.

Großen Wert auf die kulturelle Bildung ihrer Mitarbeiter legt auch die weltweit operierende Prüfungs- und Beratungsgesellschaft Ernst & Young. Seit Jahren ist Ernst & Young Hauptsponsor der Langen Nacht der Museen in Frankfurt und anderen deutschen Städten. Dann sind zahlreiche Museen und Galerien der Stadt bis spätabends geöffnet und einem breiten Publikum zugänglich. Ein fester Bestandteil dieser Nacht ist in Frankfurt die alljährlich stattfindende Benefizauktion »Junge Kunst mit Zukunft«, bei der Werke von Studenten der

Frankfurter Städelschule und der Offenbacher Hochschule für Gestaltung ausgestellt und versteigert werden. Der Erlös kommt den beiden Hochschulen zugute und trägt so dazu bei, dass der Künstlernachwuchs optimal ausgebildet und gefördert werden kann. Als Partner verschiedener Museen und Ausstellungen unterstützt Ernst & Young zahlreiche Einrichtungen in anderen deutschen Städten. Und auch auf musikalischem Gebiet engagiert sich das Unternehmen: So werden Konzerte in der Alten Oper in Frankfurt gesponsert und das Beethovenfest in Bonn, ein angesehenes vierwöchiges Musikfestival, unterstützt.

Musik, Literatur, bildende Kunst, Wissenschaft und Philosophie, Religion und Moral, Staatskunst und militärisches Know-how – alle diese Kenntnisse fügen sich im Falle Friedrich zu einer umfassend gebildeten und interessierten Persönlichkeit zusammen. Als weltgewandter Allrounder hat man es auf dem internationalen Parkett auch heute immer noch deutlich leichter, wichtige Kontakte zu knüpfen und nachhaltige Geschäftsbeziehungen zu pflegen. Trotz mancher diskussionswürdiger Makel zeigt das Beispiel Friedrichs, dass sich Kunstsinn und Kulturbewusstsein, Offenheit und Toleranz durchaus mit leistungsorientiertem Denken und kämpferischem Handeln erfolgreich ergänzen können.

Statt eines Nachworts:
Friedrichs »Anti-Machiavell«

Der Florentiner Niccolo Machiavelli hat 1552 in seinem Buch berühmt-berüchtigte Thesen zur »Regierungskunst eines Fürsten« veröffentlicht. Der Kronprinz Friedrich, damals noch ohne die Last von Macht und Verantwortung, griff diese Auffassungen in seinem »Anti-Machiavell« entschieden an. Es steht außer Frage, dass viele seiner Aussagen auch heute noch gültig sind.

Zur Ethik der Geschäftsführung

Es ist demnach die Gerechtigkeit, welche das vornehmste Augenmerk eines Fürsten seyn soll; es ist demnach die Wohlfarth seines Volkes, so er allem anderen Nutzen vorziehen muß.

Dass jemand das Wort »Wohlfahrt« in Zusammenhang mit der Wirtschaft gebraucht, kommt heute eher selten vor. Man sollte sich jedoch daran erinnern, dass die Wirtschaft für den Menschen da ist. Bei einem Unternehmen sind das Kunden, Mitarbeiter und Aktionäre, für deren Wohlergehen ein Topmanager gleichermaßen verantwortlich ist. Die alleinige Ausrichtung auf den Shareholder Value und damit auf den Aktionär zielt nur auf einen kurzfristigen Erfolg und ist deshalb schädlich für das Unternehmen. Es ist inakzeptabel, wenn ein Topmanager als Renditefetischist das Unternehmen so führt, dass er durch einen möglichst hohen Ertrag des Unternehmens für sich hohe Boni oder Aktienoptionen erzielt.

Ich habe den Königen gesaget, ihre wahre Staatskunst bestehe nur darin, daß sie ihre Unterthanen an Tugenden übertreffen; damit sie sich nicht genöthigt sehen, an anderen zu verdammen, wozu sie durch ihr Exempel Anlaß geben.

Es ist also keine neue Idee, dass ein Topmanager Vorbild sein muss. Wenn er durch private oder geschäftliche Verfehlungen, wie beispielsweise Steuerhinterziehung (Zumwinkel) oder Lustreisen auf Kosten der Firma (Hartz), auffällt, hat er keinerlei Berechtigung, falsches Verhalten anderer zu missbilligen.

Es ist besser, den Gesetzen, als dem Eigensinne eines einzigen Menschen unterworfen zu seyn. Die Gesetze sind ihrer Natur nach gerecht; der Mensch hingegen ist von seiner Geburt an ungerecht.

Die Menschen überhaupt, sowohl als die Könige ins besondere, sind gemeiniglich nicht ganz gut und nicht ganz böse.

Topmanager können – wie alle Menschen – sehr unterschiedliche charakterliche Eigenschaften haben. Gesetze des Staates und interne Grundordnungen oder Leitbilder von Unternehmen sind daher wichtig, um für sie und natürlich auch andere einen Rahmen für ihr Verhalten festzulegen. Die verantwortlichen Topmanager müssen danach handeln und dürfen nicht autokratische Verhaltensweisen an den Tag legen.

Wenn ihr Treue und Eid brechet, was wollet ihr denn für

Bürgen und Treue der Menschen haben? Gebet ihr Exempel der Verrätherey, so befürchtet selbst verrathen zu werden.

Ich bekenne übrigens, daß es gewisse betrübte Nothwendigkeiten gebe, da ein Fürst nicht umhin kann, Verträge und Bündnisse zu brechen. Allein er muß sich doch auf eine rechtschaffende Art davon losmachen, und seine Bundesgenossen zu rechter Zeit davon benachrichtigen; niemals aber zu dergleichen äußersten Fällen schreiten, wo ihn das Beste seines Volkes und eine große Nothwendigkeit (nicht) dazu dringet.

Ehrlichkeit und Verlässlichkeit sind schon immer die Basis einer jeden Geschäftsbeziehung gewesen. Da sich Verhältnisse ändern oder Entwicklungen falsch eingeschätzt werden, ist es jedoch zuweilen unumgänglich, Vereinbarungen entsprechend anzupassen bzw. abzuändern. Es ruiniert jedoch die Glaubwürdigkeit des Unternehmens, wenn, wie schon öfter geschehen, umfangreiche Verträge fristlos gekündigt werden mit dem Hinweis, dass Forderungen auf Schadensersatz zu einem Ausschluss des Lieferanten führen würden. Wenn man keine Vorsorge in den Vereinbarungen getroffen hat, um auf außergewöhnliche Ereignisse reagieren zu können, dann muss das Problem im Einvernehmen mit den bisherigen Partnern gelöst werden.

Zur Strategie

Ich möchte gerne wissen, was einen Menschen bewegen könnte, sich groß zu machen? … Die neuen Eroberungen eines Fürsten machen die Staaten, die er vorher besessen hat, nicht vermögender. Seine Unterthanen ziehen davon keinen Vorteil, und er irret sich, wenn er sich einbildet, dadurch glücklicher zu werden. Wie viele Fürsten haben nicht durch ihre Feldherrn Länder einnehmen lassen, die sie niemals sehen? Dies sind alsdenn auf gewisse Art nur eingebildete Eroberungen.

Die Größe eines Landes, das ein Fürst beherrschet, bringet ihm nicht Ehre; einige Meilen mehr Erdreich machen ihn nicht berühmt; sonst würden diejenigen, die die mehresten Hufen Landes besitzen, die berühmtesten seyn.

Unsinnige die wir sind! Wir wollen alles erobern, gleich als ob wir die Zeit hätten alles zu besitzen, und die gesetzte Frist unserer Dauer kein Ende hätte. Unsere Zeit vergehet allzu geschwind; und oftmals wenn man glaubet vor sich selbst zu arbeiten, arbeitet man nur vor unwürdige oder undankbare Nachfolger.

Friedrich hat durch die Eroberung Schlesiens den von ihm angestrebten Rang einer Großmacht erreicht. Danach hat er keine weitere Ausweitung seines Herrschergebiets angestrebt. Diese Zurückhaltung sucht man heute bei vielen Unternehmen vergebens. Sie versuchen, durch Akquisitionen oder Fusionen den eigenen Machtbereich zu vergrößern, obwohl bekannt ist, dass weit weniger als die Hälfte solcher Aktionen von Erfolg gekrönt sind. Es gibt dafür viele Beispiele; eines davon ist der Fehlschlag von Daimler-Benz, ein weltweiter Konzern zu werden. Trotzdem ist diese Verhaltensweise unausrottbar.

Es giebet zwo Arten, wodurch sich ein Fürst vergrößern könne: Die eine ist die Eroberung der Länder, wenn ein kriegerischer Fürst die Grenzen seiner Beherrschung durch die Stärke seiner Waffen erweitert; die andere ist eine gute

Regierung, wenn ein arbeitsamer Fürst in seinem Lande alle Künste und Wissenschaften in Aufnehmen bringet, die es mächtiger und wohlgesitteter machen. Ein Fürst, der diese sanfte und angenehme Art, sich mächtiger zu machen, erwählen will, muß hauptsächlich sein Land kennen lernen, damit er wisse, welche von diesen Künsten darinnen am besten fortkommen werden, und zu deren Aufnehmen er folglich auch die meiste Anstalt machen müsse.

Friedrich meint hier, dass es zwei Möglichkeiten gibt, ein Unternehmen – und damit hoffentlich auch dessen Erfolg – zu vergrößern: Da ist einmal die Verbesserung der Marktposition durch die Übernahme anderer Firmen. Dieser Weg ist risikoreich, da man das neue Unternehmen und seinen Markt nicht kennt und viel qualifiziertes Personal allein durch diese neue Aufgabe gebunden wird. Die andere Möglichkeit ist, das Unternehmen durch interne Maßnahmen auf »sanfte Art« zu vergrößern. Dazu gehören die Verbesserung der Produkte und des Services oder auch die Erhöhung der Produktivität. Hier kann man sich kontinuierlich auf einem Gebiet verbessern, das man gut kennt.

Zum Charakter einer Führungskraft

Wenn ein Fürst die Liebe des Volkes und der Großen gewinnen soll, so muß er wirkliche Tugenden besitzen. Damit man nicht umkommen möge, müsse man klug und tugendhaft seyn; alsdenn werden euch auch die boßhaftesten Menschen fürchten und verehren. Umsonst wird die Verstellung auf den Lippen eines Fürsten wohnen. Man beurtheilet die

Menschen nicht nach ihren Worten, sondern man vergleichet ihre Handlungen erstlich untereinander; danach vergleichet man sie mit ihren Reden; und gegen diese Vergleichung kann die Falschheit und die Verstellung niemals bestehen. Man spielet keine Person so gut, als die man wirklich ist; und man muß den Charakter wirklich an sich haben, den man sich beygeleget zu sehen wünschet.

Viele Tugenden sind aus der Mode gekommen, jedoch ist ein guter Charakter immer noch eine Basis für hohes Ansehen. Die positiven Eigenschaften eines Topmanagers müssen sich in seinem Handeln widerspiegeln. Seine Bewertung durch Dritte zeigt sich im Vergleich mit anderen. Niemand hat nur gute Eigenschaften; man muss zu seinen Mängeln stehen, da ein Verstellen auf Dauer nicht durchzuhalten ist.

Man siehet bisweilen, daß Fürsten die Ursachen ihres Verfahrens der Welt in einem Manifeste darlegen; und hernach dem Manifeste entgegen handlen.

Die Erfahrung zeigt, dass Tun und Reden leider allzu häufig nicht deckungsgleich sind. Das Verhalten eines Topmanagers muss jedoch konsistent sein. Er sollte nicht gegen die von ihm vertretenen Prinzipien handeln. Ist das aber einmal unumgänglich, sollte er dies gut und umfassend begründen.

Muth und Geschicklichkeit findet sich eben so wohl bey Strassenräubern als bey Helden. Der Unterschied unter ihnen bestehet darinnen, dass der Überwinder ein vornehmer und berühmter Räuber, der andere aber ein unbekannter nichtswürdiger Mensch ist. Der eine träget vor seine Gewaltthätigkeit Lorberzweige und Lob; der andere aber den Strang davon.

Die Tätigkeit eines Topmanagers sollte unbedingt an allgemeinen Standards gemessen werden. Mut und Geschicklichkeit können manchmal mit Rücksichtslosigkeit gepaart sein; wenn aber das Verhalten eines Menschen den moralischen Normen nicht entspricht, ist es unannehmbar. Das gilt auch für Topmanager.

Nicht die Gedanken, sondern die Handlungen eines Fürsten machen die Menschen glücklich. Ein Fürst, der sich genügen lässet, löblich zu regieren, gleichet einem Menschen, der mässig isset, und dessen Magen wohl verdauet.

Der Topmanager darf nicht der Verwalter einer Aufgabe sein, sondern muss aktiv handeln und dabei vertretbare Risiken in Kauf nehmen.

Unter allen Regungen, die unserer Seele den Meister spielen, ist keine, die so ihren Trieb fühlen, unglücklicher, keine der Menschlichkeit mehr zuwider, und der Ruhe der Welt mehr schädlicher, als eine unordentliche Ehrsucht und ein übermäßiges Verlangen nach falschem Ruhm. Eine Privatperson, die das Unglück hat mit dergleichen Neigungen gebohren zu seyn, ist mehr elend als thöricht. Ein solcher Mensch ist unempfindlich über das gegenwärtige, er lebet gleichsam nur in der künftigen Zeit, und nichts in der Welt kann ihm ein Genüge thun; der Wermuth des Ehrgeizes mischet allzeit seine Bitterkeit in das Süsse seines Vergnügens. Ein ehrgeiziger Fürst ist viel unglücklicher als eine Privatperson; denn da seine Thorheit nach dem Maasse seiner Grösse ist, so ist sie deswegen auch ausschweifender, ungelehriger und unersättlicher.

Wer würde schon zugeben, dass er ehrgeizig und karriereorientiert ist und nach Ruhm strebt? Besser, man versteckt solche Charakterzüge. Solche ganz persönlichen Triebfedern für das Handeln von Topmanagern schaden dem Unternehmen in der Regel, aber keineswegs auch immer dem Verursacher. In Ausnahmefällen kann es leider sogar dazu führen, dass dessen Karriere beflügelt wird, obwohl er substanziellen Schaden verursacht hat.

Fürsten, die keine Philosophen sind, werden bald ungeduldig; sie entrüsten sich über die Schwachheiten ihrer Bedienten; sie danken sie mit Ungnade ab, und stürzen sie in das Verderben. Fürsten hingegen, die eine tiefere Einsicht besitzen, kennen die Menschen besser. Sie wissen, daß sie alle Menschen sind, daß nichts in der Welt vollkommen ist, daß große Eigenschaften mit großen Fehlern, so zu reden, im Gleichgewichte stehen, und daß ein Kluger sich alles zu Nutze machen muß. Deswegen behalten sie ihre Minister mit guten und bösen Eigenschaften, die Treulosigkeit ausgenommen; und ziehen die, so sie recht genau kennen lernen, den neuen, die sie haben könnten, vor; fast so, wie geschickte Musikverständige lieber auf einem Instrumente spielen, dessen Stärke und Schwäche sie kennen, als auf einem neuen, dessen Güte ihnen noch nicht bekannt ist.

Friedrich sieht den Philosophen als einen einsichtsvollen, gebildeten Menschen, dessen Wissen über seine unmittelbare Tätigkeit weit hinausgeht. Brauchen Topmanager eine umfassende Bildung? Das ist sicherlich kein notwendiges Erfolgsmerkmal; jedoch wird der, der tiefere Einsicht besitzt und Entscheidungen auf eine breitere Wissensbasis stützen kann, häufig im Vorteil sein.

Die Welt sollte den Ausgang der Dinge nach ihren Ursachen, und nicht die Ursachen nach ihrem Ausgange beurteilen.

Wenn man sich die üblichen Probleme und deren Lösungen vor Augen führt, wird man feststellen, dass zu häufig nur Folgen beseitigt werden, nicht aber deren Ursachen.

So viele Bundesgenossen ihr euch machet, so viele Feinde habet ihr weniger, und wenn sie euch zu nichts helfen, so werdet ihr sie doch dahin bringen, daß sie, wenigstens eine Zeitlang, Neutral bleiben.

Alle brauchen für ihre Arbeit Unterstützung. Deshalb sollte sich jeder systematisch Freunde schaffen und sich intensiv Gedanken darüber machen, wo Feinde am meisten schaden können. Man sollte dort eine »Freundschaftsoffensive« starten sowie die entstandenen Bindungen pflegen.

Das ist ausser Zweifel, daß niemand als ein guter Haushalter freygebig seyn könne. Nur derjenige, der seinem Vermögen vernünftig vorstehet, kann anderen Gutes thun.

Und ich hingegen behaupte, er (der Fürst) müsse für freygebig gehalten werden, und es in der Tat seyn. Ich kenne keinen Helden, der es nicht gewesen wäre. Geitz sehen lassen, heisset so viel: Erwartet von mir nichts; ich werde Eure Dienste allemal schlecht bezahlen.

Weil aber die Menschen bey den erwiesenen Wohlthaten ein kurzes Gedächniß zu haben pflegen, so muß er ofte wiederkommen.

Freigiebigkeit ist im Geschäftsleben nur begrenzt

möglich und hat auch nur eine geringe Wirkung. Ein Topmanager muss aber dafür Sorge tragen, dass Wohltaten erbracht und – sehr wichtig – auch bekannt werden. »Tue Gutes und rede darüber.« Allerdings müssen diese Wohltaten gut dosiert sein und nicht zur Routine werden, da sich sonst ein Anspruchsdenken entwickelt.

Bey großen Unternehmungen muß man kein Geld ansehen.

Strategische Entscheidungen sind in ihrer Wirkung schwer kalkulierbar. Deshalb muss man bei Entscheidungen vorsichtig sein. Dennoch darf man sich nicht scheuen, entsprechend viel Geld in die Hand zu nehmen, wenn es notwendig ist.

Die Regel ist gewiß, es sey besser, anderen zuvorzukommen, als sich zuvorkommen zu lassen.

Eigenes Agieren verschafft gegenüber den bloß Reagierenden einen Vorsprung. Allerdings führt das nur dann zu einem Vorteil, wenn man am Markt ein ausreichendes Image hat. Bietet ein Nischenanbieter ein neues Produkt an, wird dieser meist gefragt, warum die führenden und vermeintlich kompetenteren Firmen eine solche Idee nicht gehabt haben. Das kann seinen Erfolg behindern.

Will ein Fürst, der mitspielen muß, nicht betrogen seyn, so muß er wissen, auf was Art man im Spiele betrüge, nicht damit er niemals andere betrügen möge, sondern nur, damit er nicht von anderen betrogen werde.

Es gibt und wird immer viele Menschen geben, die durch Betrug oder auch nur Tricks versuchen, sich Vorteile auf Kosten anderer zu verschaffen. Man kann sich aber nicht voll Abscheu von den bösen Taten anderer abwenden, sondern muss sich permanent über ein solches Verhalten informieren, um Maßnahmen dagegen ergreifen zu können.

Denn in der Politik soll man, an statt zu fragen, ob wir eine Freyheit haben oder nicht, ob das Glücke und er Zufall etwas vermögen oder nicht, eigentlich an nichts gedenken, als wie man seine Scharfsinnigkeit und Klugheit beßeren möge.

Solange wir nur Menschen, das ist, sehr eingeschränkte Wesen bleiben, so lange werden wir demjenigen, was wir Glücksfälle nennen, nicht überlegen seyn. Wir müssen dem Zufalle so vieles entziehen, als möglich ist; allein unser Leben ist zu kurz, alles wahrzunehmen, und unser Verstand zu enge, es zu verbinden.

Bei vielen Entscheidungen wird nicht ausreichend berücksichtigt, dass unkalkulierbare Risiken auftreten können. Man wird diese natürlich nicht lückenlos abschätzen können, da der Zufall sich jeder Prognose entzieht.

Wenn es darauf stehet, daß man Bündnisse machen wolle, muß die Klugheit großer Herren noch wachsamer seyn, als sonst. Es ist nöthig, daß sie Beschaffenheit der Dinge, die sie eingehen wollen, mit großer Aufmerksamkeit zergliedern, damit sie ihr Wort halten können.

Zu schweren Unterhandlungen müßte man die erhabensten und scharfsinnigsten Geister gebrauchen; listige Köpfe zu den Verwicklungen; einnehmende Leute sich beliebt zu machen, die aber ein so gutes Auge haben, daß sie die Heimlichkeiten des Hertzens jemanden am Gesicht ansehen können. Man muß aber List und Verschlagenheit nicht mißbrauchen. Es ist damit eben so beschaffen, wie mit den Gewürzen, wenn man ihrer zu viel an die Speisen thut, so betäubet man den Geschmack, und ein Mund, der daran gewöhnet ist, empfindet zu letzt das Beissende nicht mehr.

Man sollte in der Staatskunst eine Sammlung aller Fehler, welche die Fürsten aus Übereilung begangen haben, zum Nutzen derer machen, die Bündnisse oder Verträge schließen wollen. Sie würden bey dem Durchlesen Zeit genug haben, allerley Überlegungen anzustellen, die ihnen nicht anders, als nützlich seyn könnten. Zu schweren Unterhandlungen müßte man die erhabensten und scharfsinnigsten Geister gebrauchen; listige Köpfe zu den Verwicklungen; einnehmende Leute sich beliebt zu machen, die aber ein so gutes Auge haben, daß sie die Heimlichkeiten des Hertzens jemanden am Gesichte ansehen können.

Ausreichende Kenntnisse und die richtigen Mitarbeiter sind schon immer die Voraussetzungen für gute Verhandlungen gewesen. Interessant ist hier der Vorschlag, Fehler, die gemacht wurden, zu sammeln und sie anderen zur Verfügung zu stellen.

Zur Personalführung

Der Fürst ist keineswegs ein unumschränkter Herr der Völker, die unter seiner Botmäßigkeit stehen: Er ist unter ihnen nichts anders, als der oberste Richter.

Der Topmanager als Chef ist natürlich ein Entscheider, der damit auch über verschiedene Meinungen urteilt.

Ein großer Fürst sollte seine Völker selbst anführen. Seine Armee ist seine Residenz; sein Vortheil, seine Pflicht, seine Ehre, alles verbindet ihn .... Seine Gegenwart machet überdem auf dem Mißverständnisse unter den Generalen ein Ende.

Die Führung eines Unternehmens unterliegt immer der Gefahr, die Bodenhaftung zu verlieren. Sie muss also darauf achten, ausreichend in operative Entscheidungen eingebunden zu sein und dort Führungsqualitäten zu demonstrieren.

Es wäre also zur Glückseligkeit der Welt zu wünschen, daß alle Fürsten gütig, aber auch nicht gar zu gelinde wären, damit die Gütigkeit bey ihnen allezeit eine Tugend, und niemals eine Schwachheit seyn möchte.

Schwache Manager sind nachgiebig und gehen Konflikten möglichst aus dem Weg. Gute Manager dagegen sind entgegenkommend, ohne Schwäche zu zeigen.

Ich gebe es zu, daß ohne Strenge in einer Armee keine Ordnung erhalten werden könne. Denn sie soll man Liederliche, Wilde, Bösewichter, Feige, Unbesonnene, grobe und maschienenmässige Thiere in Zucht und Ordnung erhalten, wenn man es nicht zum Theil durch Furcht der Strafe dahin bringet?

... Bei gewissen Gelegenheiten muß man strenge sein; aber niemals grausam. Und ich will lieber an dem Tage, da ich eine Schlacht liefere, daß mich meine Soldaten lieben, als fürchten... Ein Fürst, der die Gabe hat, sich Liebe zu erwerben, wird über die Herzen regieren; denn seine Unterthanen finden selbst ihren Nutzen dabey, daß er ihr Herr ist...

Ein Fürst kann, nach meinem Urtheile, die Treue derer, die ihm mit Eifer dienen, nicht genug belohnen.

Ein König, der nur die Absicht hat, sich Furcht zu erwecken, wird nur über elende Sklaven regieren. Er wird sich von seinen Unterthanen keine großen Thaten versprechen können.

Die Strafen also, die ein Fürst aufleget, sollten immer geringer seyn, als die Beleidigungen; und die Belohnungen, die er giebet, sollten immer größer seyn, als die Dienste.

Das waren noch Zeiten, als Mitarbeiter bei Desertion zu Spießrutenlaufen oder Topmanager zu Festungshaft verurteilt wurden. Dennoch ist deutlich erkennbar, dass Strafen generell angemessen sein müssen, damit Engagement nicht auf Furcht beruht.

Ein Fürst, der selbst Verstand besitzet, kann von dem Verstande und der Fähigkeit seiner Bedienten ohne Mühe urtheilen; allein von ihrer Uneigennützigkeit und Treue zu urtheilen, ist ihm fast unmöglich.

Gemeiniglich haben weise Fürsten diejenigen, die ein redliches Herze besessen, vor andern zu Besorgung der innersten Geschäften des Landes erwählet; hingegen sich derer, die mehr Verschlagenheit gehabt, vorzüglich zu Unterhandlungen mit Auswärtigen bedient.

Beurteilung und Auswahl von Mitarbeitern sind immer ein Risiko. Äußerst interessant aber ist die Einschätzung jener Eigenschaften, die für eine spezielle Aufgabe von Bedeutung sind.

Es ist gewiß, und die Erfahrung hat überhaupt gewiesen, daß die besten Kriegsvölker eines Staates die einheimischen sind.

Das ist das Thema »Leiharbeitskräfte«, damals »Söldner« genannt. Es ist immer eine Überlegung wert, wie die Unterschiede im Engagement oder im Verantwortungsbewusstsein zwischen eigenen Mitarbeitern und denen einzuschätzen sind, die outgesourcte Aufgaben übernehmen.

Danksagung

Das Entstehen eines Buches von der Idee bis zum Druck ist begleitet von guten und schlechten Einfällen und vielen Hindernissen. Der Erfolg wäre nicht eingetreten ohne die Unterstützung vieler. Ich bedanke mich dafür bei Frau Dr. Heike Braunsteffer, Elisabeth von Sondern, Ingrid Kinzel, Andreas Stein und Professor Robert Pelzel. Ganz wichtig war auch die Unterstützung durch Herrn Jürgen Diessl vom ECON Verlag sowie das hervorragende Lektorat von Jan Martin Ogiermann.

Anhang

Lebensgeschichte Friedrichs II. von Preußen

1701 Friedrich III., Kurfürst von Brandenburg, krönt sich zum König Friedrich I. in Preußen.

1712 Seinem Sohn, dem Kronprinzen Friedrich Wilhelm, wird ein Sohn geboren, der spätere Friedrich II.

1713 Friedrich Wilhelm I., der »Soldatenkönig«, gelangt auf den preußischen Thron. Sein Sohn Friedrich erhält eine äußerst harte Erziehung. Der Unterricht beschränkt sich auf Wissen, das zur Führung eines Staates benötigt wird, wie Ökonomie und militärische Kenntnisse. Friedrich wird jedoch erlaubt, Flöte zu spielen. Sein Erzieher Duhan de Jandun besorgt ihm heimlich französische Literatur.

1730 Vergeblicher Fluchtversuch des Kronprinzen mit anschließender Festungshaft. Friedrich unterwirft sich schließlich seinem Vater. Daraufhin Ernennung zum Chef eines Infanterieregimentes und Übertragung umfassender Verwaltungsaufgaben.

1733 Vermählung mit der Prinzessin Elisabeth Christine von Braunschweig-Bevern gegen den Willen des Kronprinzen.

1733–40 Übersiedlung nach Rheinsberg und Beginn umfassender intellektueller Beschäftigung. Für die Erweiterung seines geistigen Horizontes hält sich Friedrich immer einen sog. Vorleser und gründet die Tafelrunden; dort treffen sich regelmäßig gebildete Persönlichkeiten aus ganz Europa.

Friedrichs Vorliebe gilt der Philosophie. Er liest neben den französischen Aufklärern wie Bayle und Voltaire auch die Stoiker der römischen Kaiserzeit wie Seneca und besonders den Philosophen-Kaiser Marc Aurel. Ebenso interessiert ihn auch alle verfügbare Literatur über die Kriegführung. Er beginnt den Briefwechsel mit Voltaire. Der Kronprinz verfasst erste eigene Werke wie die »Betrachtungen über den gegenwärtigen Zustand Europas« und den »Antimachiavell«. Es gibt Aufführungen von Theaterstücken und Konzerten mit eigenem Musikensemble. Friedrich komponiert in dieser Zeit die meisten seiner insgesamt 121 Flötensonaten.

1740 Tod Friedrich Wilhelms und Krönung Friedrichs II. Der neue König trennt sich von seiner Frau Elisabeth Christine. Erste persönliche Begegnung mit Voltaire. Tod Kaiser Karls VI. von Österreich und Thronbesteigung Maria Theresias im Alter von 23 Jahren; Tod der russischen Zarin Anna Iwanowna. Preußen hat zu dieser Zeit ca. 2 Millionen Einwohner. Friedrich erhöht die Truppenstärke auf 110 000 Mann und marschiert ohne zu zögern in Schlesien ein.

1742 Ende des Ersten Schlesischen Krieges; Österreich tritt Schlesien an Preußen ab.

Humanisierung des Strafvollzugs und Abschaffung der Folter. Patent zur Förderung ausländische Künstler und Fabrikanten.

1743 Der Bau des Finowkanals zwischen Oder und Havel beginnt.

1744 Zweiter Schlesischer Krieg. Wieder greift Friedrich Österreich präventiv an, um Schlesien behalten zu können.

1745 Friede mit Österreich und erneute Bestätigung der Erwerbung Schlesiens.

1745–49 Beginn des Baus von Sanssouci. Friedrich führt für Bauprojekte ein Vergabeverfahren ein, durch das Kostenkalkulation, Beschaffung und Abwicklung strikt geregelt sind. Ziel ist, die Kosten zu senken und den traditionellen Diebstahl bei Bauten einzuschränken.

Der König beauftragt Samuel von Cocceji mit einer Reform der Justiz. Er lässt frühe »Greencards« für ansiedlungswillige Ausländer vergeben. Beginn der gezielten Bauernschutzpolitik. Friedrich schreibt die »Geschichte meiner Zeit«.

1750 Voltaire kommt auf Einladung des Königs nach Potsdam und bleibt drei Jahre.

1752 Erstes politisches Testament Friedrichs II.

1756/57 Bündnis mit England und Beginn des Siebenjährigen Krieges. Bündnis der Gegner Preußens: Österreich, Frankreich, Russland. Stärke der preußischen Armee 143 000. Die gegnerische Allianz verfügt über 380 000 Mann. Preußen greift Österreich in Böhmen an. Nach anfänglichen Niederlagen werden die Gegner Preußens bei Rossbach und Leuthen geschlagen.

1759 Schwere Niederlage bei Kunersdorf gegen die russische Armee. Preußen entgeht nur durch die mangelhafte Koordination der Gegner Österreich und Russland der völligen Vernichtung. Russische Besetzung Ostpreußens. Preußen erhält von Großbritannien erhebliche finanzielle Unterstützung.

1760/61 Besetzung Berlins durch die Russen. Ermüdungsschlachten mit jeweils unterschiedlichem Ausgang.

1762 Die russische Zarin Elisabeth, eine erbitterte Gegnerin Friedrichs, stirbt. Ihr Sohn Peter III., ein Bewunderer Friedrichs, wechselt die Seiten. Das »Mirakel des Hauses Brandenburg« führt zum Ende des Krieges. Peter III. wird entmachtet. Seine Frau Katharina wird Zarin und akzeptiert jedoch den Bündnisvertrag mit Preußen.

1763 Friedensvertrag mit der Bestätigung des Status quo ante.

Die preußischen Bevölkerungsverluste durch den Krieg liegen etwa bei einer halben Million Menschen.

Der König führt die allgemeine Schulpflicht vom 5.–13. Lebensjahr ein. Friedrich schreibt die »Geschichte des Siebenjährigen Krieges«.

1764 Bündnis Preußens mit Russland.

1768 Zweites Politisches Testament.

1769/70 Zusammenkunft Friedrichs mit Joseph II., dem Sohn Maria Theresias und Regenten Österreichs.

1772 Verhandlungen von Österreich, Preußen und Russland führen zur Ersten Polnischen Teilung. Preußen erhält mit Westpreußen den wirtschaftlich stärksten Teil.

1778/79 Bayerischer Erbfolgekrieg zwischen Österreich und Preußen, ausgelöst durch die Besetzung Bayerns durch Joseph II. Keine Kriegshandlungen, aber hohe Verluste durch Krankheit und Desertion.

Der Großkanzler Carmer wird beauftragt, das Justizwesen neu zu ordnen.

Friedrich stellt wegen seiner schlechten Zähne das Flötespielen ein.

1780 Tod Maria Theresias.

1781 Allianz zwischen Österreich und Russland.

1785 Gründung des deutschen Fürstenbundes unter Federführung Preußens als Gegengewicht zu den österreichischen Aktivitäten. Handels- und Freundschaftsvertrag zwischen Preußen und den USA. Die erste Dampfmaschine wird in Preußen installiert.

1786 Tod Friedrichs II. Preußen hat nun 5,8 Millionen Einwohner und verfügt über ein Heer von 195 000 Mann, davon 40 % Ausländer.

Bibliographie

Thomas Carlyle, Friedrich der Große, Th. Knaur 1929 (1858), 750 Seiten.
Die Geschichte Friedrichs des Großen von einem der bedeutenden englischen Historiker aus der Sicht des 19. Jahrhunderts.

Friedrich II. von Preußen, Das Politische Testament von 1752, Reclam 1974, 180 Seiten.
Bedeutende Schrift mit klaren Aussagen zur Politik und Wirtschaft in Preußen.

Friedrich II. von Preußen, Geschichte meiner Zeit, Borowsky 1983, 418 Seiten.
Friedrich beschreibt hier durchaus selbstkritisch seine Regierungszeit und bemüht sich, unparteiisch zu sein.

Friedrich II. von Preußen / Niccolo Machiavelli, Von der Regierungskunst eines Fürsten, Die bibliophilen Taschenbücher 1982, 520 Seiten.
Gegenüberstellung der oft missverständlich interpretierten Aussagen des Renaissance-Schriftstellers mit den idealistischen Ideen des preußischen Kronprinzen; wegen der vielen Details über italienische Fürsten etwas schwierig zu lesen.

Klaus Günzel, Der König und die Kaiserin, Droste 2005, 272 Seiten.
Ein interessanter Vergleich zweier leistungsfähiger, rivalisierender Herrscher des 18. Jahrhunderts.

Sebastian Haffner, Preußen ohne Legende, Stern-Buch 1979, 350 Seiten.

Reich bebildertes Buch, das Friedrich im Rahmen der preußischen Geschichte schildert.

Johannes Kunisch, Friedrich der Große, Beck 2005, 550 Seiten.

Neueste und umfassendste Beschreibung von Friedrichs Leben, sehr detailreich, u. a. mit grafischen Darstellungen der wichtigen Schlachten.

Ingrid Mittenzwei, Friedrich II. von Preußen, Pahl-Rugenstein 1980, 210 Seiten.

Kritische Auseinandersetzung mit dem König und der damaligen Gesellschaft.

Theodor Schieder, Friedrich der Große, Ullstein 1983, 500 Seiten.

Sehr gute Beschreibung der politischen Situation des 18. Jahrhunderts, der Gesellschaft und besonderer Akteure.

Personenregister

Firmenregister

Preußen beim Tode von Friedrich II. (1786)